国家级实验示范中心配套教材

基因工程实验

陈雪岚　主　编

秦红霞　肖　波　吴　杨　副主编

科 学 出 版 社

北 京

内 容 简 介

本书包括 18 个实验,分别是基因组 DNA 的提取、总 RNA 和 mRNA 的提取、质粒 DNA 的提取、目的基因的获得、限制性内切酶的酶切反应、凝胶电泳法进行 DNA 的分离和纯化、DNA 片段的体外连接、大肠杆菌感受态细胞的制备、重组子的转化、菌落 PCR 筛选阳性重组子、重组质粒的酶切鉴定、外源基因在大肠杆菌中的诱导表达、基因表达产物的检测分析、Western Blotting 实验、Southern 印迹实验、全长 cDNA 文库的构建、凝胶阻滞实验和染色质免疫共沉淀技术。

本书内容清晰准确、简明扼要,便于指导操作。可作为综合性大学、师范和农林院校生物工程、生物技术、生物制药等专业基因工程实验指导用书。

图书在版编目(CIP)数据

基因工程实验/陈雪岚主编.—北京:科学出版社,2012.3
国家级实验示范中心配套教材
ISBN 978-7-03-033374-2

Ⅰ.①基…　Ⅱ.①陈…　Ⅲ.①基因工程-实验-高等学校-
教材　Ⅳ.①Q78-33

中国版本图书馆 CIP 数据核字(2012)第 007923 号

责任编辑:陈　露　叶成杰　/责任校对:刘珊珊
责任印制:刘　学　　　　　　/封面设计:殷　靓

科 学 出 版 社 出版
北京东黄城根北街 16 号
邮政编码:100717
http://www.sciencep.com

广东虎彩云印刷有限公司印刷
科学出版社发行　各地新华书店经销

＊

2012 年 3 月第　一　版　开本:B5(720×1000)
2022 年 1 月第十二次印刷　印张:6　1/2
字数:118 000

定价:**26.00 元**

前　言

基因工程是现代生物工程的主体核心技术,其最大特点是可打破生物种属界限,进行生物种(属、科、目、纲、门、界)内外基因的重组、遗传信息的转移。因此,它是人工定向改变生物遗传特性的根本技术。随着生命科学的发展,基因工程技术已渗入到生物学的各个分支学科和医药农林的各个分支领域,具有重大的理论意义和广泛的实践意义。在生物学基础研究领域,基因工程技术从基因的结构与功能入手,在分子水平上为细胞、组织、器官及个体的生长、发育、分化、进化等理论研究开辟了新途径;在医药学领域它为采用基因疗法根治遗传性疾病及肿瘤等奠定了坚实的理论与技术基础,使传统技术难以或不能获得的许多珍贵药品得以大量生产,从而实现商品化;在动植物生产、食品工业等领域,它已经得到了广泛的应用并且还将发挥愈来愈大的作用。因此,对基因工程的基本操作技术的掌握是这些学科的共同需求。

本书围绕基因工程学的基本理论、基本技术及基因工程学在实践中的应用,围绕基因工程的基本程序:提－P(PCR)－切－连－转－筛－表－检,系统阐述了基因组DNA 的提取、植物总 RNA 的提取和 mRNA 的纯化、质粒的提取、PCR 扩增、限制性内切酶的酶切反应、凝胶电泳进行 DNA 的分离和纯化、DNA 片段的体外连接、感受态细胞的制备、重组子的转化、菌落 PCR 筛选、重组质粒的酶切鉴定、外源基因的诱导表达、SDS－PAGE 对诱导产物的检测、Western 免疫印迹检测这些常用的基因工程学技术的原理及方法。在此基础上增加了 Southern 印迹实验和近几年应用较多的全长 cDNA 文库的构建方法、凝胶阻滞实验和染色质免疫共沉淀技术,供有条件的单位选用。本书的特点是内容详实、可操作性强。

全书共编写了 18 个实验,其中实验 1～4 由秦红霞编写,实验 5～9 由吴杨编写,实验 10～14 由肖波编写,实验 15～18 由陈雪岚编写。本书的编写参考了大量国内外的文献资料,得到了所有参与编写的人员和相关单位的大力支持,在此一并表示衷心的感谢。

由于作者水平的限制,疏漏之处在所难免,敬请读者批评指正。

陈雪岚

2012 年 1 月于南昌

目　　录

实验 1 基因组 DNA 的提取

【实验目的】

掌握染色体 DNA(基因组 DNA)的提取方法。

【实验原理】

从各种生物材料中提取 DNA(包括质粒 DNA 的提取)是基因工程实验最常见的操作之一。高质量 DNA 的获得是基因组文库构建、基因克隆、序列测定、PCR 及 DNA 杂交等实验的基础。

生物的大部分或几乎全部 DNA 都集中在细胞核或核质体中。一般情况下,随着生物从低级到高级的进化,DNA 的分子长度也由小到大递增。如许多病毒的 DNA 分子长度超过 100 千碱基对(kilobase pair,kb),细菌 DNA 为几千 kb,而高等动植物的基因组 DNA 则长达上亿 kb。真核生物的 DNA 是以染色体的形式存在于细胞核内,与蛋白质结合构成大小不一的染色体。因此,制备 DNA 的原则是既要将 DNA 与蛋白质、脂类和糖类等分离,又要保持 DNA 分子的完整。

基因组 DNA 提取的方法依实验材料和实验目的而略有不同,但总的原则都是首先将细胞破碎,然后用有机溶剂及盐类将 DNA 与蛋白质、大分子 RNA 及其它细胞碎片分开,用 RNA 酶将剩余的 RNA 降解,最后用乙醇(或异丙醇)将 DNA 沉淀出来。因此可将基因组 DNA 提取分三步:① 温和裂解细胞及溶解 DNA;② 采用化学或酶学的方法,去除蛋白质、RNA 以及其他的大分子;③ 沉淀和溶解 DNA。

真核生物细胞的破碎通常采用机械研磨的方法,可在研磨材料时加入液氮,使材料冻结,易于破碎,并减少研磨过程中各种酶类的作用。大肠杆菌等原核生物细胞通常是通过冻融、溶菌酶或 EDTA 处理,并用去垢剂使细胞裂解,释放 DNA。

破碎细胞后,一般加入十六烷基三甲基溴化铵(hexadecyl trimethyl ammonium bromide,CTAB)或十二烷基硫酸钠(sodium dodecyl sulfate,SDS)等离子型表面活性剂。这些表面活性剂能溶解细胞膜和核膜蛋白,使核蛋白解聚,从而使 DNA 得以游离出来。再加入苯酚和氯仿等有机溶剂,能使蛋白质变性,并使抽提液分相,因核酸(DNA、RNA)水溶性很强,经离心后即可从抽提液中除去细胞碎片和大部分蛋白质。最后是在上清液中加入异丙醇或无水乙醇使 DNA 沉淀,沉淀 DNA 溶于 TE 溶液或无菌双蒸水中,即得基因组 DNA 溶液。

提取染色体 DNA 的最根本要求是保持核酸的完整性,在提取 DNA 的过程中有许多因素会导致 DNA 降解成小片段：

（1）物理降解：因为染色体 DNA 分子较长，机械张力或高温很容易使 DNA 分子发生断裂。因此，在实际操作时应尽可能轻缓。尽量避免过多的溶液转移，剧烈的振荡等，以减少机械张力对 DNA 的损伤，同时也应避免过高的温度，此外操作所用的枪头口不能太小，应去除尖端部分，使其孔径有 5 mm 左右。

（2）细胞内源 DNA 酶的作用：细胞内常存在活性很高的 DNA 酶，细胞破碎后，DNA 酶便可与 DNA 接触并使之降解。为避免 DNA 酶的作用，在溶液中常加入 EDTA，SDS 以及蛋白酶等。EDTA 具有螯合 Ca^{2+} 和 Mg^{2+} 等二价离子的作用，而 Ca^{2+} 和 Mg^{2+} 是 DNA 酶的辅因子，SDS 和蛋白酶则分别具有使蛋白质变性和降解的作用。

（3）化学因素也会降解 DNA：如过酸的条件下，由于脱嘌呤而导致 DNA 不稳定，使其极易在碱基脱落的地方发生断裂。因此，在 DNA 的提取过程中，应避免使用过酸的条件。

【仪器、材料】

1. 仪器

培养箱、灭菌锅、超净工作台、小试管、Eppendorf（离心）管、Eppendorf 管架、吸头、吸头盒、微量移液器、涡旋混合器、低温高速离心机、台式高速离心机、37℃ 和 55℃ 恒温水浴锅、真空干燥器、陶瓷研钵、恒温摇床、50 ml 离心管（有盖）及 5 ml 离心管、冰箱、通风橱、电泳仪、电泳槽、紫外检测仪。

2. 材料

植物组织、动物组织、大肠杆菌、酿酒酵母、RNA 酶 A、蛋白酶 K、溶菌酶、溶壁酶、β-巯基乙醇。其他生化试剂见试剂配方。

实验 1.1　植物基因组 DNA 的提取

【试剂】

1. 2%（W/V）CTAB 抽提缓冲溶液（200 ml）：4 g CTAB，16.364 g NaCl，20 ml 1 mol/L Tris-HCl（pH 8.0），8 ml 0.5 mol/L EDTA（pH 8.0），先用 70 ml ddH₂O 溶解，再定容至 200 ml，高温高压灭菌，冷却后加入 400 μl β-巯基乙醇，使其终浓度为 0.2%～1%（V/V）。

2. 氯仿/异戊醇（24:1）：96 ml 氯仿，加入 4 ml 异戊醇，摇匀即可。

3. TE 缓冲液（pH 8.0）：10 mmol/L Tris-Cl（pH 8.0），1 mmol/L EDTA，高温高压灭菌，室温保存。

4. 10 mg/ml RNase A：用 10 mmol/L Tris-Cl（pH 7.5），15 mmol/L NaCl 溶

液配制,并在 100℃ 保温 15 min,然后室温条件下缓慢冷却,分装后−20℃ 保存。

5. 其他试剂:异丙醇、无水乙醇、70% 乙醇、灭菌双蒸水。

【实验步骤】

1. 取少量叶片(约 1 g)置于研钵中,加入液氮研磨至粉状,转移到 1.5 ml 离心管中加入 700 μl 65℃ 预热的 2% CTAB 抽提缓冲液,颠倒混匀 5～6 次,65℃ 保温,每隔 10 min 轻轻摇动,40 min 后取出。

2. 待冷至室温后加入等体积氯仿/异戊醇(24:1)溶液,颠倒混匀 2～3 min,至溶液成乳浊状,4℃,12 000 r/min 离心 10 min,小心取上清转移到新的 1.5 ml 离心管中。

3. 加入等体积的氯仿,颠倒混匀 2～3 min,4℃,12 000 r/min 离心 10 min,小心取上清转移到新的 1.5 ml 离心管中。

4. 加入 700 μl 异丙醇,将离心管慢慢上下颠倒 30 s,充分混匀至能见到 DNA 絮状物,−20℃ 静置 20 min,4℃,12 000 r/min 离心 10 min,弃去上清液。

5. 加入 700 μl 70% 乙醇洗涤沉淀,轻轻转动悬浮沉淀,4℃,12 000 r/min 离心 5 min 后,倒掉液体,室温下干燥 DNA 5～10 min。

6. 加入 200 μl 含 40 μg/ml RNase A 的无菌双蒸水或 TE 缓冲液,使 DNA 溶解,置于 37℃ 恒温箱中 30 min,除去 RNA。

7. 加入等体积的氯仿,颠倒混匀 2～3 min,4℃,12 000 r/min 离心 10 min,小心取上清转移到新的 1.5 ml 离心管中。

8. 加入 1/10 体积的 3 mol/L NaAc(pH 5.2),及 2 倍体积的无水乙醇,混匀后室温静置 10～20 min,12 000 r/min 离心 10 min,小心弃去上清液。

9. 用 1 ml 70% 乙醇洗涤沉淀物 1 次,12 000 r/min 离心 5 min。

10. 小心弃去上清液,将离心管倒置于吸水纸上,将附于管壁的残余液滴除去,室温干燥 5～10 min。

11. 加入 50～100 μl 无菌双蒸水或 TE 缓冲液,使 DNA 溶解。

12. 取 5 μl 样品进行电泳检测(方法参见实验 6)或测定 260 nm 下的光密度(optical density,OD)值来确定 DNA 的含量。

13. 样品储存在−20℃ 或−80℃ 冰箱中备用。

实验 1.2　动物基因组 DNA 的提取

【试剂】

1. 细胞裂解缓冲液:100 mmol/L Tris-Cl (pH 8.0),500 mmol/L EDTA (pH 8.0),20 mmol/L NaCl,10% (W/V) SDS,20 μg/ml RNA 酶。

2. 10 mg/ml 蛋白酶 K：称取 10 mg 蛋白酶 K 溶于 1 ml 灭菌的双蒸水中，－20℃备用。

3. 酚/氯仿/异戊醇(25∶24∶1)(V/V)：按 1∶1 的比例混合 Tris 饱和酚与氯仿/异戊醇(24∶1)。

4. 3 mol/L NaAc(pH 5.2)：用 80 ml 水溶解 40.81 g 的 NaAc · 3 H$_2$O，用冰醋酸调至 pH 5.2，加水定容至 100 ml。

【实验步骤】

1. 取新鲜或冰冻动物组织块 0.1 g(0.5 cm^3)，去除结缔组织，吸水纸吸干血液，剪碎(越细越好)，放入研钵，倒入液氮研磨至粉末，转移到 1.5 ml 离心管中，加入 1 ml 的细胞裂解缓冲液。

2. 加入 20 μl 10 mg/ml 蛋白酶 K 混匀，55℃保温 2 h，间歇振荡离心管数次。

3. 12 000 r/min 离心 5 min，取上清转移到新的 1.5 ml 离心管中，加等量的酚/氯仿/异戊醇(25∶24∶1)缓慢颠倒混匀，12 000 r/min 离心 5 min，取上层溶液到新的 1.5 ml 离心管中。

4. 加入等体积的氯仿/异戊醇，缓慢颠倒混匀，12 000 r/min 离心 5 min。

5. 取上层溶液到新的 1.5 ml 离心管中，加入 1/10 体积的 3 mol/L NaAc(pH 5.2)，及 2 倍体积的无水乙醇，混匀后室温静置 10～20 min，12 000 r/min 离心 10 min。

6. 小心弃去上清液，将离心管倒置于吸水纸上，将附于管壁的残余液滴去除。

7. 用 1 ml 70% 乙醇洗涤沉淀物 1 次，12 000 r/min 离心 5 min。

8. 小心弃去上清液，将离心管倒置于吸水纸上，将附于管壁的残余液滴除去，室温干燥 5～10 min。

9. 加入 200 μl 含 40 μg/ml RNase A 的无菌双蒸水或 TE 缓冲液，使 DNA 溶解，置于 37℃恒温箱中 20 min，除去 RNA，按步骤 4～8 去除 RNase A。

10. 加入 50～100 μl 无菌双蒸水或 TE 缓冲液，使 DNA 溶解。

11. 取 5 μl 样品进行电泳检测(方法参见实验 6)或测定 260 nm 下 OD 值来确定 DNA 的含量。

12. 样品储存在－20℃或－80℃冰箱中备用。

实验 1.3　细菌基因组 DNA 的提取

【试剂】

1. LB(Luria-Bertani)培养基：1%(W/V)胰蛋白胨(tryptone)，0.5%(W/V)

酵母提取物(yeast extract)，1%(W/V)氯化钠(NaCl)，加双蒸水至 1 000 ml，用 5 mol/L NaOH 调至 pH 7.2，121℃高压蒸气灭菌 30 min。

固体培养基另加琼脂粉 12～15 g。

2. 其他试剂：100 mg/ml 溶菌酶、2 mol/L NaCl、10%(W/V)SDS、10 mg/ml 的蛋白酶 K、氯仿/异戊醇(24∶1)、异丙醇、70%乙醇。

【实验步骤】

1. 从平板培养基上挑单菌落接种至 5 ml 的液体 LB 培养基中，适当温度条件下，振荡培养过夜。

2. 取 1.5 ml 培养物于 1.5 ml 离心管中，12 000 r/min 离心 1 min，尽可能弃去培养基，菌体沉淀中加入 600 μl 的 TE 缓冲液，反复吹打使之重新悬浮。

3. 加入 6 μl 100 mg/ml 溶菌酶至终浓度为 1 mg/ml，混匀，37℃温育 30 min。加入 30 μl 的 2 mol/L NaCl，66 μl 10% SDS 和 6 μl 10 mg/ml 的蛋白酶 K，混匀，于 55℃温育 1 h，使溶液变透明。

4. 加入等体积(约 750 μl)氯仿/异戊醇混匀，室温放置 5～10 min；12 000 r/min 离心 10 min，将上清转移到新的 1.5 ml 离心管中。

5. 加入 0.6～0.8 倍体积(约 450 μl)的异丙醇，颠倒混匀，室温放置 10 min 以上，至 DNA 沉淀下来，12 000 r/min 离心 10 min，弃去上清。

6. 用 1 ml 的 70%乙醇洗涤沉淀 1～2 次，12 000 r/min 离心 5 min，弃去上清液，沉淀在室温下倒置干燥 10～15 min。

7. 加入 200 μl 含 40 μg/ml RNase A 的无菌双蒸水或 TE 缓冲液，使 DNA 溶解，置于 37℃恒温箱中 20 min，除去 RNA。

8. 按"植物基因组 DNA 的提取"步骤 7～10 去除 RNase A。

9. 加入 50～100 μl 无菌双蒸水或 TE 缓冲液，使 DNA 溶解。

10. 取 5 μl 样品进行电泳检测(方法参见实验 6)或测定 260 nm 下 OD 值来确定 DNA 的含量。

11. 样品储存在－20℃或－80℃冰箱中备用。

实验 1.4　酵母菌基因组 DNA 的提取

【试剂】

1. YPD 培养基：10 g 酵母粉，20 g 蛋白胨，20 g 葡萄糖，加水至 1 000 ml，溶解，自然 pH，121℃灭菌 20 min。

配制固体培养基，则加入 1.2%～1.5%的琼脂粉灭菌。

2. 5 mg/ml 溶壁酶(Zymolyase)溶液：称取 5 mg 溶壁酶溶于 1 ml 含 1 mol/L 甘露醇,0.1 mol/L Na$_2$EDTA(pH 7.5)溶液中。

3. 其他试剂：1 mol/L 甘露醇、0.1 mol/L Tris-Cl(pH 7.4)、10%(W/V) SDS、0.1 mol/L Na$_2$EDTA (pH 7.5)、异丙醇、70%乙醇。

【实验步骤】

1. 用接种环(或无菌牙签)从 YPD 平板上刮取新鲜的单菌落,接种在含 5 ml YPD 的大试管中,30℃振荡培养过夜。

2. 将培养液转至 10 ml 离心管中,5 000 r/min 离心 5 min,弃去上清液。

3. 加入 5 ml 的 TE(pH 8.0)悬浮细胞,5 000 r/min 离心 5 min,弃去上清液。

4. 加入 0.5 ml 的 1 mol/L 甘露醇,0.1 mol/L Na$_2$EDTA 以悬浮细胞,然后用移液枪将悬浮液转至 1.5 ml 离心管中,加 20 μl 5 mg/ml 溶壁酶,37℃水浴 60 min。

5. 加入 200 μl 0.1 mol/L Tris-Cl 和 0.1 mol/L 的 Na$_2$EDTA,70 μl 10% SDS,充分混匀,65℃保温 30 min。

6. 加入等体积(约 750 μl)氯仿和异戊醇混匀,室温放置 5~10 min,12 000 r/min 离心 10 min,将上清转移到新的离心管中。

7. 加入 0.6~0.8 倍体积(约 450 μl)的异丙醇,颠倒混匀,室温放置 10 min 以上,至 DNA 沉淀下来,12 000 r/min 离心 10 min,弃去上清液。

8. 用 1 ml 的 70% 乙醇洗涤沉淀 1~2 次,12 000 r/min 离心 5 min,弃去上清液,沉淀在室温下倒置干燥 10~15 min。

9. 加入 200 μl 含 40 μg/ml RNaseA 的无菌双蒸水或 TE 缓冲液,使 DNA 溶解,置于 37℃恒温箱中 20 min,除去 RNA。

10. 按"植物基因组 DNA 的提取"步骤 7~10 去除 RNase。

11. 加入 50~100 μl 无菌双蒸水或 TE 缓冲液,使 DNA 溶解。

12. 取 5 μl 样品进行电泳检测(方法参见实验 6)或测定 260 nm 下 OD 值来确定 DNA 的含量。

13. 样品储存在 -20℃或 -80℃冰箱中备用。

【注意事项】

1. DNA 提取过程中,细胞必须均匀分散,以减少 DNA 团块形成。

2. 因配制好的酚/氯仿/异戊醇溶液上面覆盖了一层 Tris-HCl 溶液,以隔绝空气,在使用时应注意取下面的有机层。提取过程中,加入酚/氯仿/异戊醇溶液后应采用上下颠倒方法,充分混匀。如发现苯酚已氧化变成红色,应弃之不用,因为苯酚的氧化产物可以破坏核酸链,使其发生断裂。如果经过抽提后,其上清液太黏不易吸取,可能是因为 DNA 浓度过高,可加大抽提前缓冲液用量或减少所取组织的量。

3. 在提取过程中为了避免染色体 DNA 发生机械断裂,应尽量在温和的条件下操作,如尽量减少酚/氯仿抽提次数,混匀过程要轻缓,离心通常采用低速离心,以保证得到较长 DNA。

4. 如果提取的 DNA 不易溶解,可能是因为 DNA 不纯、沉淀物太干燥、含杂质较多或加溶解液太少使浓度过大。

5. 分光光度计分析 DNA 的浓度和纯度:OD_{260} 值为 1 相当于大约 50 $\mu g/ml$ 双链 DNA,40 $\mu g/ml$ 单链 DNA 或 RNA 及大约 20 $\mu g/ml$ 单链寡核苷酸。纯 DNA 样品的 $OD_{260}/OD_{280} \approx 1.8$($>1.9$,表明有 RNA 污染;$<1.6$,表明有蛋白质、酚等污染)。

6. 琼脂糖凝胶电泳检测 DNA 质量时,用 λDNA/*Hind* Ⅲ 作为标准 DNA 相对分子质量,染色体 DNA 一条带应该在 λDNA/*Hind* Ⅲ 的第一条带(23 kb)上面。图 1-1 是基因组 DNA 与标准 DNA 相对分子质量的电泳图。

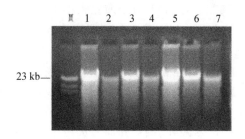

图 1-1　染色体 DNA 电泳图

【思考题】

1. 如何正确使用微量移液器?

2. 沉淀 DNA 时加 1/10 体积的 3 mol/L 醋酸钠,为什么?

3. 如何准备基因操作中的吸头、Eppendorf 管等器具,在使用这些东西时应注意什么?

4. 提取染色体 DNA 的基本原理是什么? 在操作中应注意什么?

5. 在使用苯酚进行 DNA 抽提时应注意什么?

6. 进行 DNA 抽提,显红色的苯酚可否使用,如何保护苯酚不被空气氧化?

7. 在基因工程操作中苯酚、氯仿的作用是什么?

8. 如何检测和保证 DNA 的质量?

实验 2 总 RNA 和 mRNA 的提取

【实验目的】

学习利用异硫氰酸胍变性液从各种不同生物细胞中提取 RNA 的基本原理与方法。

【实验原理】

分离纯化完整的 RNA 是进行分子克隆、基因表达分析的基础。真核细胞的 RNA 分子的合成发生在细胞核,合成的 RNA 前体分子在核内加工成熟,并穿过核膜运至细胞质中用于指导蛋白质的合成。细胞内主要有 3 种 RNA,mRNA 只占 RNA 总量的 1%～5%左右,其相对分子质量大小不一,由几百至几千个核苷酸组成。大部分 mRNA,均与蛋白质结合在一起形成核蛋白体。

要成功地提取真核生物 RNA,即确保 RNA 的数量和质量,关键在于尽可能完全抑制或去除 RNA 酶(RNase)的活性,因为 RNA 酶是导致 RNA 降解最主要的物质。RNA 酶由一条多肽链组成,变性后容易复性,因此非常耐高温,即使高温灭菌也不可能完全清除其活性。RNA 酶无需任何辅助因子,在较宽的 pH 范围内都有活性。加上 RNA 酶广泛存在,例如在所有的组织中均存在 RNA 酶,操作者的手、唾液、灰尘都含有较丰富的 RNA 酶。因此在实验中,一方面要严格控制外源性 RNA 酶的污染;另一方面要最大限度地抑制各种组织和细胞中内源性的 RNA 酶。在所有 RNA 的操作中,操作者均需戴一次性手套和口罩。所用耐热的物品,如玻璃制品,需置于干燥烘箱中 180℃烘烤 4～6 h。不能用高温烘烤的材料,如塑料制品等皆可用 0.1%的焦碳酸二乙酯(diethyl pyrocarbonate,DEPC)水溶液处理,再经高压蒸汽灭菌。DEPC 是 RNA 酶的化学修饰剂,它和 RNA 酶的活性基团组氨酸的咪唑环反应而抑制其活性。RNA 提取中所用的溶液和水一般都先用 0.1% DEPC 水溶液处理,再经高温灭菌,并尽可能使用未曾开封的试剂。

在实验室中常用的抽提 RNA 方法有两种,一种是酸性酚-异硫氰酸胍抽提法和 Qiagen 硅胶膜纯化法。对任何生物材料的 RNA 提取,首先研磨组织或细胞,使之裂解;加入变性剂异硫氰酸胍,除能进一步破碎细胞并溶解细胞成分外,还可以保持 RNA 的完整;释放出来的 DNA 和 RNA 由于在特定 pH 下的溶解性不同,经氯仿抽提及离心后,分别位于整个体系的中间相和水相(RNA 存在于水相);收集含 RNA 的水相,通过乙醇或异丙醇沉淀,可获得 RNA 样品。Trizol 试剂是使用最广泛的抽提总 RNA 的专用试剂,由 Gibco 公司根据酸性酚-异硫氰酸胍抽提法设计,主要由苯酚和异硫氰酸胍组成,适用于绝大多数生物材料。

从生物细胞中分离 mRNA 比分离 DNA 困难得多,mRNA 在细胞内尤其在原核细胞内的半衰期极短,只有几分钟,而且由于基因表达具有严格的时序性,目的基因的表达程序对相应 mRNA 的成功分离至关重要。此外 mRNA 在体外也不甚稳定,这对分离纯化过程和方法都提出更高的要求。提取 mRNA 一般有两条途径:其一是先提取多聚核糖体,再将蛋白质与 mRNA 分开。即利用抗原抗体的反应,可以将含量极微、特异的 mRNA 提取出来。因为没有合成完的蛋白质还停留在多聚核糖体上,这些新生肽链能与完整蛋白质的抗体发生抗原抗体的反应,因此,可以选择性地沉淀特异的 mRNA。其二是提取细胞总 RNA(大部分 rRNA、tRNA 和微量 mRNA),再根据大多数真核 mRNA 的 3′末端都具有长度为 20～250 个腺苷酸组成的 poly(A)尾巴,利用寡聚(dT)-纤维素柱层析法获得所有mRNA。

mRNA 的 3′末端的 poly(A)结构为真核生物 mRNA 的提取提供了极为方便的选择性标志,实验中常用寡聚(dT)-纤维素柱层析法获得高纯度 mRNA。该方法利用 mRNA 3′末端含有 Poly(A)的特点,总 RNA 流经寡聚(dT)-纤维素柱时,在高盐缓冲液的作用下,mRNA 通过其 3′端 poly A 尾与寡聚(dT)互补杂交,被特异地固定在固相介质上,而与总 RNA 的其他成分分离,再用低盐溶液或蒸馏水洗脱 mRNA。经过两次寡聚(dT)-纤维柱后,即可得到较高纯度的 mRNA。

【仪器、材料】

1. 仪器

培养箱、灭菌锅、超净工作台、小试管、Eppendorf(离心)管、Eppendorf 管架、吸头、吸头盒、涡旋混合器、低温高速离心机、微量移液器、真空干燥器、恒温水浴锅、陶瓷研钵、冰箱、通风橱、电泳仪、电泳槽、紫外检测仪。

2. 材料

Trizol 试剂、焦碳酸二乙酯(DEPC)、上海生工 UNIQ-10 柱式 Trizol 总RNA 抽提试剂盒。其他生化试剂见试剂配方。

实验 2.1　Trizol 法提取总 RNA

【试剂】

1. DEPC 水(DEPC-H_2O):0.1% DEPC 水溶液经高压蒸汽灭菌至少30 min。

2. 70%乙醇：DEPC-H$_2$O 配制。

3. 其他试剂：氯仿、异丙醇、0.1% DEPC 水溶液（V/V）。

【实验步骤】

1. 材料的预处理

（1）从组织中提取总 RNA：取适量组织于液氮中充分研磨至粉末状，在液氮挥发完之前将样品（50~100 mg）转移到 1.5 ml RNase-free 的离心管中，加入 1 ml Trizol 试剂。

（2）从细胞中提取总 RNA：① 培养贴壁细胞离心除去培养基后，可直接用 Trizol 试剂进行消化、裂解，Trizol 试剂按 10 cm^2/ml 比例加入；② 悬浮细胞可直接收集、裂解，每 1 ml Trizol 试剂可裂解 5×10^6 个动物、植物或酵母细胞，或 10^7 个细菌细胞。

2. 震荡混匀，室温放置 5 min。

3. 按每毫升 Trizol 试剂加入 200 ml 氯仿，颠倒混匀 2 min，室温放置 3 min，4℃，12 000 r/min；离心 10 min。

4. 取上清水相转移到 1.5 ml RNase-free 的离心管中，加入等体积的异丙醇，室温放置 20 min，4℃，12 000 r/min 离心 10 min，弃去上清液。

5. 加入 1 ml 70%乙醇洗涤沉淀，4℃，12 000 r/min 离心 3 min，弃去上清液，室温干燥 5~10 min。

6. 用 30~50 μl RNase-free ddH$_2$O，充分溶解 RNA。

7. RNA 的分析和定量：① 取 5 μl 样品进行普通琼脂糖凝胶电泳或甲醛变性琼脂糖凝胶电泳，确定 RNA 的完整性和污染情况（如图 2-1）；② 测定样品在 260 nm 下吸光度值，按 1 OD = 40 μg/ml RNA 计算 RNA 的浓度。

8. 将所得到的 RNA 溶液置于-70℃保存或用于后续试验。

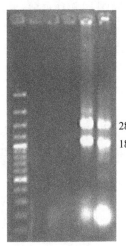

28SrRNA

18SrRNA

图 2-1　豇豆总 RNA 电泳

实验 2.2　异硫氰酸胍/酚一步法提取总 RNA

【试剂】

1. 异硫氰酸胍溶液：4 mol/L 异硫氰酸胍，25 mmol/L 柠檬酸钠（pH 7.0），

0.5％(W/V)十二烷基肌氨酸钠,0.1 mol/L β-巯基乙醇(用时再加,每 50 ml 溶液加 0.35 ml 的 β-巯基乙醇)。(工作液于室温下保存不超过 1 个月)

2. 2 mol/L NaAc(pH 4.0):用 8 ml DEPC - H_2O 溶解 13.6 g NaAc · $3H_2O$,用醋酸调至 pH 4.0(约 38 ml),最后定容至 50 ml,高温灭菌,室温放置备用。

3. 酸性水饱和酚(pH 4.5):重蒸苯酚用等体积的双蒸水反复抽提使之饱和。

4. 其他试剂:氯仿/异戊醇(49∶1)、氯仿、异丙醇、70％乙醇(DEPC - H_2O 配制)、DEPC - H_2O。

【实验步骤】

1. 取 2 g 左右组织放入研钵中,加入液氮充分研磨至粉末状,加 4~5 ml 异硫氰酸胍溶液,转移到 1.5 ml RNase-free 的离心管中,每管 0.5 ml。

2. 置于冰上,顺序加入:50 μl 2 mol/L NaAc、0.5 ml 酸性水饱和酚、170 μl 氯仿/异戊醇(49∶1),每加入一种试剂都轻轻摇动离心管混匀。最后将离心管盖紧,颠倒混匀,置冰上 15 min,4℃,12 000 r/min 离心 20~30 min,取上清转移到新的 1.5 ml RNase-free 的离心管中。

3. 加入等体积的异丙醇混匀,−20℃沉淀 0.5~1 h 或−80℃沉淀 10 min,4℃,12 000 r/min 离心 25 min,小心去除上清液。

4. 用 70％乙醇洗一次,4℃,12 000 r/min 离心 5 min,弃去乙醇,空气中干燥 RNA 沉淀。

5. 加入 150 μl 异硫氰酸胍溶液,65℃吹打使 RNA 沉淀溶解,加等体积氯仿,加盖颠倒混合 4~5 次。

6. 4℃,12 000 r/min 离心 20~30 min,小心将上层水相转移到新的 1.5 ml RNase-free 的离心管中,加等体积异丙醇,混匀后于−20℃沉淀 0.5~1 h 或−80℃沉淀 10 min,4℃,12 000 r/min 离心 20 min,弃去上清液。

7. 沉淀用 70％乙醇洗两次后,室温干燥 5~10 min。

8. 用 30~50 μl RNase-free ddH_2O,充分溶解 RNA。

9. 经电泳检测后,−70℃冰箱中保存备用。

实验 2.3　总 RNA 提取试剂盒

【实验步骤】

1. 取适量组织于液氮中充分研磨至粉末状,在液氮挥发完之前将样品(50~100 mg)转移到 1.5 ml RNase-free 的离心管中,加入 1 ml Trizol 试剂。

2. 加入 100 μl 氯仿/异戊醇(24∶1)剧烈震荡混匀 30 s,12 000 r/min 室温离心 5 min。

3. 将上清(450 μl)小心转移到 RNase-free 1.5 ml 离心管中,加入 150 μl 无水乙醇,混匀。

4. 将上述溶液全部转移到套放于 2 ml 收集管内的 UNIQ-10 柱中,室温放置 2 min,8 000 r/min 室温离心 1 min。

5. 小心取出柱子,弃去收集管中的废液,将柱子放回收集管中,加入 450 μl RPE Solution,10 000 r/min 室温离心 30 s。

6. 重复步骤 5 一次。

7. 小心取出柱子,弃去收集管中的废液,将柱子放回收集管中,10 000 r/min 室温离心 1 min。

8. 小心取出柱,放到无菌 RNase-free 1.5 ml 离心管里,在柱内膜的中央小心加入 30～50 μl DEPC-H_2O,室温或 55～80℃放置 2 min。

9. 10 000 r/min 室温离心 1 min,离心管内的溶液为 RNA 样品。

10. 经电泳检测或紫外分光光度法检测后,可立即使用或-70℃保存。

(参考上海生工 UNIQ-10 柱式 Trizol 总 RNA 抽提试剂盒说明书。)

实验 2.4　mRNA 的分离纯化

【试剂】

配制所有试剂都需要用 DEPC-H_2O 代替普通的双蒸水:

1. 1×上样缓冲液:20 mmol/L Tris-HCl(pH 7.6),0.5 mol/L NaCl,1 mol/L EDTA(pH 8.0),0.1% 十二烷基肌氨酸钠。

2. 3 mol/L NaAc(pH 5.2):80 ml DEPC-H_2O 溶解 40.81 g 的 NaAc·$3H_2O$,用冰醋酸调至 pH 5.2,加 DEPC-H_2O 定容至 100 ml。

3. 洗脱缓冲液:10 mmol/L Tris-HCl(pH 7.6),1 mmol/L EDTA(pH 8.0),0.05%(W/V)SDS。

4. 其他试剂:0.1 mol/L NaOH(DEPC-H_2O 配制)、70% 乙醇(DEPC-H_2O 配制)、无水乙醇、DEPC。

【实验步骤】

1. 将 0.5～1.0 g 寡聚(dT)-纤维素悬浮于 0.1 mol/L 的 NaOH 溶液中。

2. 用 DEPC 处理的 1 ml 注射器或适当的吸管,将寡聚(dT)-纤维素装柱 0.5～1 ml,用 3 倍柱床体积的 DEPC-H_2O 洗柱。

3. 使用 1× 上样缓冲液洗柱,直至洗出液 pH<8.0。

4. 将 RNA 溶解于 DEPC－H_2O 中,在 65℃ 中温育 10 min 左右,冷却至室温后加入等体积 2× 上样缓冲液,混匀后上柱,立即收集流出液,当 RNA 上样液全部进入柱床后,再用 1× 上样缓冲液洗柱,继续收集流出液。

5. 将所有流出液于 65℃ 加热 5 min,冷却至室温后再次上柱,收集流出液。

6. 用 5～10 倍柱床体积的 1× 上样缓冲液洗柱,每管 1 ml 分部收集,测定每一收集管的 OD_{260} 值,计算 RNA 含量(前部分收集管中流出液的 OD_{260} 值很高,后部分收集管中流出液的 OD_{260} 值很低或无吸收)。

7. 用 2～3 倍柱容积的洗脱缓冲液洗脱 Poly(A) RNA,分部收集,每部分为 1/3～1/2 柱体积。

8. 测定 OD_{260} 确定 Poly(A) RNA 分布,合并含 Poly(A) RNA 的收集管,加入 1/10 体积 3 mol/L NaAc(pH 5.2)和 2.5 倍体积的预冷无水乙醇,混匀,－20℃ 放置 30 min。

9. 于 4℃,12 000 r/min 离心 15 min,小心弃去上清液。

10. 用 70% 乙醇洗涤沉淀,4℃,12 000 r/min 离心 5 min,弃去上清液,室温晾干。

11. 用适量的 DEPC－H_2O 溶解 RNA,分光光度法检测后,－70℃ 冰箱中保存备用。

【注意事项】

1. RNA 酶是导致 RNA 降解最主要的物质,非常稳定且广泛存在于人的皮肤和器具表面,因此提取 RNA 时必须戴手套和口罩,尽量少讲话;同时,根据取液器制造商的要求对取液器进行处理。一般情况下采用以 DEPC 配制的 70% 乙醇擦洗取液器的内部和外部,可基本达到要求。

2. 尽可能使用一次性无菌塑料制品,已标明 RNase-free 的塑料制品,如没有开封使用过,通常不必再处理。对于国产塑料制品,原则上处理后方可使用。处理方法如下:

(1) 在玻璃烧杯中注入去离子水,加入 DEPC 使其终浓度为 0.1%,将待处理的塑料制品放入一个可以高温灭菌的容器中,注入 DEPC 水溶液,使塑料制品的所有部分都浸泡到溶液中,在通风柜中 37℃ 或室温下处理过夜。

(2) 将 DEPC 水溶液小心倒入废液瓶中,将装有 DEPC 水处理过的塑料制品的容器以铝箔封口,高温高压灭菌至少 30 min,50℃ 烘烤干燥,置洁净处备用。

3. DEPC 是一种高效烷化剂,可以破坏 RNA 酶活性,在分子生物学实验中广泛应用于去除 RNA 酶污染。DEPC 有致癌嫌疑,整个操作过程都须在通风橱中戴手套小心操作。

4. RNA 提取实验中用到的乙醇、异丙醇、氯仿等应采用未开封的新瓶装试剂,并用 DEPC – H_2O 配制。

5. 验室应专门辟出 RNA 操作区,离心机、微量移液器、试剂等均应专用。RNA 操作区应保持清洁,并进行定期除菌,所有的试管和吸头均需要使用新的。

6. 组织或细胞的量要适当,用量过多,引起 DNA 对 RNA 的污染。高蛋白、脂肪或多糖类组织,肌肉组织或块状植物组织等,组织匀浆或液氮研磨后须在 4℃条件下,12 000 r/min 离心 10 min 去除不溶物,再进行下面操作。

7. 组织块用液氮研磨效果最好,若没有液氮或电动匀浆器,可用手动匀浆器代替,此时组织块不宜过大,且需先用眼科剪将组织绞碎,然后再充分研磨。

8. 一般来说,OD_{260}/OD_{280} 为 1.8~2.0 时,认为 RNA 中蛋白质或者其他有机物的污染是可以接受的。当 $OD_{260}/OD_{280} < 1.8$ 时,溶液中蛋白质或者其他有机物的污染比较明显。当 $OD_{260}/OD_{280} > 2.2$ 时,说明 RNA 已经水解成单核苷酸。不过要注意,当用 Tris 作为缓冲液检测吸光度时,A_{260}/A_{280} 值可能会大于 2。

9. Trizol、异硫氰酸胍、苯酚、氯仿等试剂是有毒物,操作时要小心,一旦接触皮肤,立即用大量洗涤剂和清水清洗。

【思考题】

1. 简述 Trizol 试剂的作用。
2. 提取 RNA 的基本原理是什么?
3. 在配制提取 RNA 所用的试剂时应注意什么?
4. 用于进行 RNA 提取的器具有什么要求?
5. 在进行 RNA 提取的过程中应特别注意什么?
6. 在 RNA 提取过程中如何将 RNA 和 DNA 分开?

实验 3　质粒 DNA 的提取

【实验目的】

掌握质粒 DNA 提取的基本原理和方法,理解各种试剂的作用。

【实验原理】

载体(Vector)是指能将目的 DNA 片段通过 DNA 重组技术,送进受体细胞中进行繁殖和表达的工具。细菌质粒(Plasmid)是 DNA 重组技术中常用的载体。

质粒是一种染色体外的遗传因子,大小从 1~200 kb 不等。大多数质粒为超螺旋的双链共价闭合环状 DNA 分子(covalently closed circle,cccDNA)。质粒主要发现于细菌、放线菌和真菌细胞中,它具有自主复制和转录能力,能在子代细胞中保持恒定的拷贝数,并表达所携带的遗传信息。质粒的复制和转录要依赖于宿主细胞编码的某些酶和蛋白质,如离开宿主细胞则不能存活,而宿主细胞即使没有它们也可以正常存活。

质粒在细胞内的复制一般有两种类型:严紧控制型(stringent control)和松弛控制型(relaxed control)。前者只在细胞周期的一定阶段进行复制,当染色体不复制时,它也不能复制,通常每个细胞内只含有 1 个或几个质粒分子,如 F 因子;后者在整个细胞周期中随时可以复制,在每个细胞中有许多拷贝,一般在 20 个以上,如 Col E1 质粒。在使用蛋白质合成抑制剂氯霉素时,细胞内蛋白质合成、染色体 DNA 复制和细胞分裂均受到抑制,严紧控制型质粒复制停止,而松弛控制型质粒可以继续复制,质粒拷贝数可由原来 20 多个扩增至 1 000~3 000 个,此时质粒 DNA 占总 DNA 的含量可由原来的 2% 增加至 40%~50%。

作为理想的克隆载体的质粒必须具备以下 5 点:① 一个复制起点 *Ori*(replication origin),这是质粒自我增殖必不可少的基本条件;② 一个或多个选择性标记基因(如抗生素抗性基因),以便为寄主细胞提供易于检测的表型性状;③ 带有一个人工合成的、含有多个限制性酶单一切位点的多克隆位点(multiple cloning site,MCS),作为外源基因插入位点,当插入适当大小的外源 DNA 片段后,应不影响质粒 DNA 的复制功能;④ 具有容易操作的检测表型;⑤ 具有较小的相对分子质量和较高的拷贝数:较小的相对分子质量易于操作,克隆了外源 DNA 片段(一般不超过 15 kb)之后,仍可有效地转化受体细胞;较高的拷贝数,这不仅有利于质粒 DNA 的制备,同时还会使细胞中克隆基因的剂量增加。

由于天然质粒作为基因克隆载体存在着不同程度的局限性,科学工作者便在天然质粒基础上进行修饰改造,发展出了一批低相对分子质量、高拷贝数、多选择标记的质粒载体。如克隆载体 pBR322(大小为 4.36 kb)、pUC18/19(大小为 2.68 kb)和 pBluescript(简称 pBS)系列(大小为 2.96 kb)(图 3 - 1),表达载体 pET 系列(大小为 5～8 kb)。

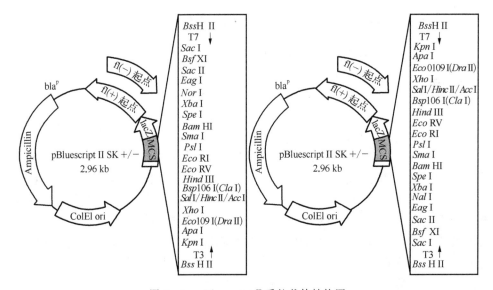

图 3 - 1　pBluescript Ⅱ 质粒载体结构图

细菌质粒的命名:① 用小写字母 P 表尔质粒(plasmid);② 在其后面用几个大写字母(英文缩写)表示质粒的性质或实验室名称或构建发现此质粒的作者;③ 在大写字母后面用数字编号;④ △ 表示基因失活,∷ 表示 DNA 插入,φ 表示蛋白质融合,′ 表示融合时发生了缺失,如 lacZ′ 则表示 lacZ 基因的 3′ 部分发生缺失等。

从细菌中分离质粒 DNA 的方法都包括 3 个基本步骤:培养细菌使质粒扩增;收集和裂解细胞;分离和纯化质粒 DNA。采用溶菌酶可以破坏菌体细胞壁,十二烷基磺酸钠(SDS)和 TritonX - 100 可使细胞膜裂解。经溶菌酶和 SDS 或 Triton X - 100 处理后,细菌染色体 DNA 会缠绕附着在细胞碎片上,同时由于细菌染色体 DNA 比质粒大得多,易受机械力和核酸酶等的作用而被切断成不同大小的线性片段。当用强热或酸、碱处理时,细菌的线性染色体 DNA 变性,而共价闭合环状的质粒 DNA 的两条链不会相互分开,当条件恢复正常时,线状染色体 DNA 片段难以复性,而是与变性的蛋白质和细胞碎片缠绕在一起,而质粒 DNA 双链又恢复原状,重新形成天然的超螺旋分子,并以溶解状态存在于液相中。

在细菌细胞内,共价闭环质粒以超螺旋形式存在。在提取质粒过程中,除了超螺旋 DNA 外,还会产生其它形式的质粒 DNA。如果质粒 DNA 两条链中有一条链发生一处或多处断裂,分子就能旋转而消除链的张力,形成松弛型的环状分子,称开环 DNA(open circular DNA,ocDNA);如果质粒 DNA 的两条链在同一处断裂,则形成线状 DNA(linear DNA)。当提取的质粒 DNA 电泳时,同一质粒 DNA 其超螺旋形式的泳动速度要比开环和线状分子的泳动速度快。

【仪器、材料】

1. 仪器

培养箱、灭菌锅、超净工作台、小试管、Eppendorf(离心)管、吸头、吸头盒、旋转混合器、低温高速离心机、微量移液器、真空干燥器、恒温水浴锅、恒温摇床、5 ml 离心管、冰箱、通风橱、电泳仪、电泳槽、紫外检测仪。

2. 材料

含质粒载体的 *E. coli* DH5α 或 JM 系列菌株、氨苄青霉素(ampicillin,Amp)、RNase A、B 型小量质粒快速提取试剂盒(BioDev)。其他生化试剂见试剂配方。

实验 3.1　碱裂解法少量提取质粒 DNA

【试剂】

1. LB(Luria-Bertani)培养基:1%(*W/V*)胰蛋白胨(tryptone)、0.5%(*W/V*)酵母提取物(yeast extract)、1%(*W/V*)氯化钠(NaCl),加双蒸水至 1 000 ml,用 5 mol/L NaOH 调至 pH 7.2,121℃高压下蒸气灭菌 30 min。

固体培养基另加琼脂粉 12～15 g。

2. 氨苄青霉素:配成 100 mg/ml 水溶液,−20℃保存备用。

3. 3 mol/L NaAc(pH 5.2):50 ml 水中溶解 40.81 g NaAc·$3H_2O$,用冰醋酸调至 pH 5.2,加水定容至 100 ml,分装后高压灭菌,储存于 4℃冰箱。

4. 溶液Ⅰ:50 mmol/L 葡萄糖,25 mmol/L Tris-Cl(pH 8.0),10 mmol/L EDTA(pH 8.0)。溶液Ⅰ可成批配制,每瓶 100 ml,高压灭菌 15 min,储存于 4℃冰箱。

5. 溶液Ⅱ:0.2 mol/L NaOH,1%(*W/V*)SDS。

临用取 0.4 mol/L NaOH 及 2% SDS 贮存液等量混匀。

6. 溶液Ⅲ:5 mol/L 乙酸钾(KAc)60 ml,冰醋酸 11.5 ml,灭菌双蒸水 28.5 ml,定容至 100 ml,保存于 4℃。

7. 1 mg/ml RNase A:用 10 mmol/L Tris-Cl(pH 7.5),15 mmol/L NaCl 溶液配制,并在 100℃保温 15 min,然后室温条件下缓慢冷却,分装后−20℃保存。

8. 其他试剂：苯酚/氯仿/异戊醇(25∶24∶1)、氯仿、异丙醇、70%乙醇。

【实验步骤】

1. 挑取单菌落接种于 5 ml 含 100 mg/L Amp 的 LB 液体培养基中,37℃振荡培养过夜。

2. 将 1~3 ml 菌液转入 1.5 ml 离心管中,12 000 r/min,4℃离心 1 min 收集菌体。

3. 加入 1 ml 25 mmol/L Tris-HCl(pH 8.0),用旋转混合器重悬菌体,12 000 r/min,4℃离心 1 min,弃去上清液。

4. 加入 160 μl 溶液Ⅰ,用 Vortex 充分悬浮细菌。

5. 加入 320 μl 新配制的溶液Ⅱ,轻轻颠倒混匀,冰上放置 5 min。

6. 再加入 240 μl 溶液Ⅲ,轻轻混匀后,冰浴 10 min,12 000 r/min,4℃离心 10 min,转移上清到新离心管中。

7. 加入 750 μl Tris 饱和苯酚/氯仿/异戊醇(25∶24∶1),轻微振荡 10 min,12 000 r/min,室温离心 10 min,转移上清液于新离心管中。

8. 加入 750 μl 氯仿抽提,振荡 10 min,12 000 r/min,室温离心 10 min,转移上清于新离心管中。

9. 加入 750 μl 异丙醇,颠倒混匀,-20℃放置 15~20 min,12 000 r/min,4℃离心 10 min,弃去上清液。

10. 加入 1 ml 预冷的 70%乙醇,上下颠倒混匀,12 000 r/min,4℃离心 5 min,小心弃去上清,倒置于吸水纸上使所有液体流尽,沉淀在室温下自然干燥。

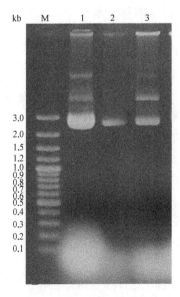

图 3-2　重组质粒载体电泳图

11. 加入 30~50 μl TE 缓冲液或灭菌双蒸水溶解沉淀,加入 2 μl 1 mg/ml RNase A 酶,37℃保温 20~30 min。

12. 加入等体积的氯仿,颠倒混匀 2~3 min,4℃,12 000 r/min 离心 10 min,小心取上清液转移到新的 1.5 ml 离心管中。

13. 加入 1/10 体积的 3 mol/L NaAc(pH 5.2),及 2 倍体积的无水乙醇,混匀后室温静置 10~20 min,12 000 r/min 离心 10 min,小心倒掉上清液。

14. 用 1 ml 70%乙醇洗涤沉淀物 1 次,12 000 r/min 离心 5 min。

15. 小心倒掉上清液,将离心管倒置于吸水纸上,将附于管壁的残余液滴除去,室温干燥 5~10 min。

16. 加入 50 μl 无菌双蒸水或 TE 缓冲液,使质粒 DNA 溶解。

17. 取 5 μl 样品电泳检测(图 3 - 2),其余样品－20℃保存备用。

实验 3.2　少量质粒提取试剂盒

【实验步骤】

参见 B 型小量质粒快速提取试剂盒(BioDeV)

1. 挑取单菌落接种于 5 ml 含 100 mg/L Amp 的 LB 液体培养基中,37℃振荡培养过夜。

2. 用 1.5 ml 离心管收集 1～3 ml 菌液。12 000 r/min 离心 1 min,弃去上清液。

3. 加入 100 μl 溶液Ⅰ/RNase A 混合液,充分振荡直至菌体完全重新悬浮。

4. 加入 150 μl 溶液Ⅱ,立即轻柔地反复颠倒混匀 5～6 次,直至形成透明的裂解溶液,随后放置于冰上 1～2 min。

5. 加入 150 μl 溶液Ⅲ,立即轻柔地反复颠倒混匀至白色絮状沉淀不再增加,室温放置 5 min,12 000 r/min 室温离心 10 min。

6. 向一个新的吸附柱中加入 420 μl 结合缓冲液,然后将上清液小心转移至 DNA 纯化柱中,混匀,静置 1～2 min。

7. 12 000 r/min 离心 1 min,倒掉废液收集管中的液体,将离心吸附柱装回废液收集管。

8. 向吸附柱中加入 700 μl 漂洗液,12 000 r/min 离心 30 s,倒掉废液并将吸附柱装回废液收集管中。

9. 重复步骤 8。

10. 空管 12 000 r/min 离心 2 min,以彻底去除纯化柱中残留的液体。

11. 将 DNA 纯化柱置于新的 1.5 ml 离心管中,向纯化柱膜中央处,悬空滴加 50～100 μl 洗脱缓冲液或无菌双蒸水(pH 8.0～8.5),室温放置 2 min。

12. 12 000 r/min 离心 2 min,洗脱 DNA。

13. 质粒 DNA 经电泳检测后于－20℃保存备用。

【注意事项】

1. 收集菌体时,培养基要去除干净,同时保证菌体在悬浮液中充分悬浮。

2. 在添加溶液Ⅱ与溶液Ⅲ后的混合一定要柔和,采用上下颠倒的方法,不能用涡旋混合器剧烈振荡,并且尽可能按照规定的时间进行操作。变性的时间不宜过长,否则质粒易被打断;复性时间也不宜过长,否则会有基因组 DNA 的污染。

3. 由于苯酚的氧化产物可以使核酸链发生断裂，所使用的苯酚在使用前必须经过重蒸，且都必须用 Tris-HCl 缓冲液进行平衡，所以用苯酚/氯仿/异戊醇时应取下层液体，因为上层是隔绝空气的 Tris-HCl 液。

4. 苯酚具有腐蚀性，能造成皮肤的严重烧伤及衣物损坏，使用时应注意。如不小心碰到皮肤上，则应用肥皂及大量的清水冲洗。

5. 采用有机溶剂(苯酚/氯仿/异戊醇)抽提时，应充分混匀，并且转移上清液时，注意不要把中间的白色层吸入，其中含有蛋白质等杂质。

6. 除了用 0.6～1 倍体积的异丙醇沉淀 DNA 外，还可以用 1/10 体积 3 mol/L 的 NaAc(pH 5.2)和 2.5 倍体积无水乙醇于 −20℃沉淀 DNA。

7. 有些质粒本身可能在某些菌种中稳定存在，但经过多次转接有可能造成质粒丢失，因此不要频繁转接，每次接种时应挑单菌落。尽量选择高拷贝的质粒，如为低拷贝或大质粒，则应加大菌体用量。

【思考题】

1. 质粒的基本性质有哪些？质粒载体与天然质粒相比有哪些改进？

2. 抽提质粒的基本原理是什么？

3. 在碱裂解法提取质粒 DNA 操作过程中应注意哪些问题？

4. 质粒抽提实验中溶液 I、II、III 各有什么作用？

5. 什么是质粒多克隆位点(MCS)？

6. 从溶液中回收 DNA 时，可以用什么方法进行 DNA 的沉淀？

7. 用氯仿/异戊醇抽提 DNA 时，其中异戊醇起什么作用？

实验 4　目的基因的获得

【实验目的】

学习 PCR 和 RT－PCR 方法体外扩增目的基因的基本原理和常规操作，了解 PCR 引物及参数的设计。

【实验原理】

1. PCR 实验原理

PCR(polymerase chain reaction)技术为最常用的分子生物学技术之一，是 1985 年美国 cetus 公司的穆利斯(K. B. Mullis)等人设计并研究成功的一种体外核酸扩增技术，荣获了 1993 年诺贝尔化学奖。这种聚合酶链式反应类似于 DNA 的天然复制过程，以待扩增的 DNA 为模板，在体外由引物介导酶促合成特异 DNA 片段。典型的 PCR 由三步反应组成一个循环：① 高温变性模板，也就是待扩增的 DNA 在高温(94℃)下解链成为单链模板；② 引物与模板退火，即人工合成的一对与目的基因两侧序列相互补的寡聚核苷酸引物，在低温(30～60℃)下分别与变性的目的基因片段两侧的两条链的部分序列互补结合；③ 引物沿模板延伸，即在中等温度(65～75℃)下由耐热 DNA 聚合酶(Taq 酶)将 dNTP 中的脱氧单核苷酸加到引物 3′－OH 末端，并以此为起点，沿着模板以 5′→3′方向延伸，合成一条新的互补链。通过多次循环反应，使目的 DNA 得以迅速扩增(图 4－1)。

PCR 扩增的反应体系、循环参数的确定是非常重要的。

(1) PCR 反应体系

1) 引物(primer)：设计和选择高效而特异性强的引物是 PCR 成败关键。

引物设计原则见附录三。引物是指两段与待扩增靶 DNA 序列侧翼片段具有互补碱基特异性的寡核苷酸(单链 DNA 片段)。引物包括上游引物 FP(forward primer)或 SP(sense primer)和下游引物 RP(reverse primer)或 AP(antisense primer)两种。当两段引物与变性双链 DNA 的两条单链 DNA 模板退火后，两引物的 5′就决定了扩增产物的两个末端位置，而扩增的片段长度等于两个引物间的模板 DNA 片段长度(见图 4－2)。

2) dNTP：dNTP 的质量与浓度和 PCR 扩增效率有密切关系，在 PCR 反应中，dNTP 应为 50～200 μmol/L，尤其是注意 4 种 dNTP 的浓度要相等(等

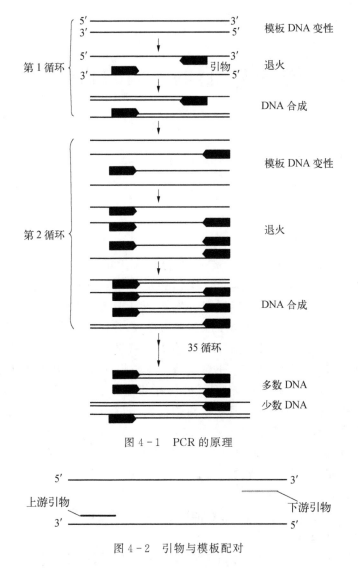

图 4-1　PCR 的原理

图 4-2　引物与模板配对

摩尔配制），如其中任何一种浓度不同于其他几种时（偏高或偏低），就会引起错配。

3）Mg^{2+} 浓度：Mg^{2+} 对 PCR 扩增的特异性和产量有显著的影响，在一般的 PCR 反应中，各种 dNTP 浓度为 200 μmol/L 时，Mg^{2+} 浓度为 0.5～2.0 mmol/L 为宜。Mg^{2+} 浓度过高，反应特异性降低，出现非特异扩增；浓度过低会降低 Taq DNA聚合酶的活性，使反应产物减少。设计 PCR 反应体系时，可以用 0.1～5 mmol/L 递增浓度的 Mg^{2+} 进行预备试验，选出最适的 Mg^{2+} 浓度。

4）模板（靶基因）核酸：PCR 反应必须以 DNA 为模板进行扩增，模板 DNA

可以是单链分子,也可以是双链分子。就模板 DNA 而言,影响 PCR 的主要因素是模板的数量和纯度,一般反应中的模板数量对于单拷贝基因而言需要 $0.1~\mu g$ 的人基因组 DNA,$10~\mu g$ 的酵母 DNA,$1~\mu g$ 的大肠杆菌 DNA。灵敏的 PCR 可从一个细胞,一根头发,一个孢子或一个精子提取的 DNA 中分析目的序列,模板量过多反而可能增加非特异性产物。

5) DNA 聚合酶:耐热 DNA 聚合酶多应用在 PCR 技术中,各种耐热 DNA 聚合酶均具有 $5'{\rightarrow}3'$ 聚合酶活性,但不一定具有 $3'{\rightarrow}5'$ 和 $5'{\rightarrow}3'$ 的外切酶活性。其中 $3'{\rightarrow}5'$ 外切酶活性可以消除错配,切平末端;$5'{\rightarrow}3'$ 外切酶活性可以消除合成障碍。

耐热 DNA 聚合酶分为三类:

● **普通 Taq DNA 聚合酶**:Taq 聚合酶是一种耐热的 DNA 聚合酶,由于发现于能在 $70\sim75\,^{\circ}\!\mathrm{C}$ 生长的水生栖热菌(*Thermus aquaticus*)内,故命名为 Taq DNA 聚合酶(Taq DNA polymerase),简称 Taq 酶或 Taq。该酶基因全长 2 496 个碱基,编码 832 个氨基酸,酶蛋白分子为 94 kDa,$75\sim80\,^{\circ}\!\mathrm{C}$ 时每个酶分子每秒钟可延伸约 150 个核苷酸,$70\,^{\circ}\!\mathrm{C}$ 延伸率大于 60 个核苷酸/s,$55\,^{\circ}\!\mathrm{C}$ 时为 24 个核苷酸/s,温度过高($90\,^{\circ}\!\mathrm{C}$ 以上)或过低($22\,^{\circ}\!\mathrm{C}$)都可影响 Taq 酶的活性。该酶虽然在 $90\,^{\circ}\!\mathrm{C}$ 以上几乎无 DNA 合成活性,但确有良好的热稳定性,在 $92.5\,^{\circ}\!\mathrm{C}$,$95\,^{\circ}\!\mathrm{C}$,$97.5\,^{\circ}\!\mathrm{C}$ 时,PCR 混合物中的 Taq 酶分别经 130 min,40 min 和 $5\sim6$ min 后,仍可保持 50% 的活性。实验表明,PCR 反应时变性温度为 $95\,^{\circ}\!\mathrm{C}$ 20 s,50 个循环后,Taq 酶仍有 65% 的活性。Taq 酶的热稳定性是该酶用于 PCR 反应的前提条件,也是 PCR 反应能迅速发展和广泛应用的原因。该酶一般适用于 DNA 片段的 PCR 扩增、DNA 标记、引物延伸、序列测定、平末端加 A 等,产物可直接用于 T - A 载体克隆。1 单位(U)Taq 酶活力定义为在 $74\,^{\circ}\!\mathrm{C}$、30 min 内,以活性化的大马哈鱼精子 DNA 作为模板/引物,将 10 nmol 脱氧核苷酸掺入到酸不容物质所需的酶量。在 $100~\mu l$ PCR 反应中,$1.5\sim2$ U 的 Taq 酶就足以进行 30 轮循环。所用的酶量可根据 DNA 引物及其他因素的变化进行适当的增减,酶量过多会使产物非特异性增加,过少则使产量降低。

利用 Taq 酶扩增 DNA 片段的一个致命弱点是产物易产生序列错误,在利用 PCR 克隆和进行序列分析时尤应注意。其原因有二:① 在体外进行 DNA 聚合反应,由于脱离了体内较为完善的 DNA 合成纠正系统,脱氧核苷酸掺入的错误率自然比体内高;② 在体外使用的 Taq DNA 聚合酶已经失去 $3'{\rightarrow}5'$ 方向的校正活性,由于缺乏校正功能,其错误掺入率比 Klenow 还高 4 倍,即配错出现频率为 $0.2\%\sim0.5\%$,也就是说,对于一个 1 kb 长的 DNA 靶序列,经 30 轮 Taq 酶循环反应后,扩增产物的出错率可达 2.5%,这些错误的掺入可以发生在扩增产物的任何位点。如果这些扩增产物仅仅作为 DNA 靶序列在样品中存在与否的证据,或者用作探针进行常规的检测筛选实验,则无关紧要;但若将扩增产物进一步克隆,并选取单一重组克隆用于表达,那么就有可能得到的是一种含有错误序列的 DNA 片段。为了克服这一问题最新发展了多种高保真的 DNA 聚合酶系,如 Taq 聚合酶的变体 Taq Plus Ⅱ,其碱基错配率下降至 10^{-6},而且其聚合效率也大为增强,一次可扩增 30 kb 的 DNA 靶序列。

Taq 酶还具有非模板依赖性活性,可将 PCR 双链产物的每一条链 3′末端引入单核苷酸尾,通常为腺嘌呤核苷酸,故可使 PCR 产物具有 3′突出的单 A 核苷酸尾;另一方面,在仅有 dTTP 存在时,它可将平端的质粒的 3′端加入单 T 核苷酸尾,应用这一特性,可实现 PCR 产物的 T-A 克隆。

● **高保真 pfu DNA 聚合酶**:pfu DNA 聚合酶是从嗜热古菌(*Pyrococcus furiosus*)中得到的高保真耐高温 DNA 聚合酶,在 97.5℃ 半衰期>3 h,它不具有 5′→3′外切酶活性,但具有 3′→5′外切酶活性,可校正 PCR 扩增过程中产生的错误,使产物的碱基错配率极低,PCR 产物为平端,无 3′端突出的单 A 核苷酸。

● **Vent DNA 聚合酶**:是从火山口分离的嗜热高温球菌(*Thermococcus Litoralis*)中分离出的,在 100℃ 时半衰期达 95 min,97.5℃ 时半衰期长达 130 min,其扩增产物的长度可达 10~13 kb,更适用于长 PCR 反应。该酶不具有 5′→3′外切酶活性,但具有 3′→5′外切酶活性,可以去除错配的碱基,具有校对功能,从而是延伸反应顺利地进行下去,忠实性比 Taq 酶提高 5~10 倍。

6) PCR 反应的缓冲液:缓冲液的目的是给 Taq 酶提供一个最适酶催反应条件。一般含 10~50 mmol/L Tris-HCl (pH 8.3~8.8,20℃),50 mmol/L KCl。有些反应液中以 NH_4^+ 代 K^+,其浓度为 16.6 mmol/L。反应中加入 100 μg/ml 小牛血清白蛋白(BSA)或 5 mmol/L 的二硫苏糖醇(DTT)或 0.01% 明胶或 0.05%~0.1% Tween 20 有助于酶的稳定,尤其在扩增长片段时,加入这些酶保护剂对 PCR 反应是有利的。

(2) 循环参数

1) 变性(denaturation):在第一轮循环前,在 94℃ 下变性 5~10 min 非常重要,它可使模板 DNA 在进入循环前完全解链,进入循环后一般变性温度与时间为 94℃ 0.5~1 min。在变性温度下,双链 DNA 只需几秒钟即可完全解链,所耗时间主要是为使反应体系完全达到适当的温度。对于富含 GC 的序列,可适当提高变性温度,但变性温度过高或时间过长都会导致酶活性的损失。

2) 退火(annealing):这是 PCR 的一个关键参数。在理想状态下,退火温度足够低,以保证引物同目的序列有效退火,同时还要足够高,以减少非特异性结合。合理的退火温度从 55~70℃。设定退火温度一般比引物的 Tm 低 5℃,当产物中包含有影响实验的非特异性扩增带时,以 2℃ 为增量,逐步提高退火温度,较高的退火温度会减少引物二聚体和非特异性产物的形成。如果两个引物 Tm 不同,将

退火温度设定为比最低的 Tm 低 5℃,或者为了提高特异性,可以在根据较高 Tm
设计的退火温度先进行 5 个循环,然后再根据较低 Tm 设计的退火温度进行剩余
的循环。这使得在较为严紧的条件下可以获得目的模板的部分拷贝。有些反应甚
至可将退火与延伸两步合并,只用两种温度(例如用 60℃ 和 94℃)完成整个扩增循
环,既省时间又提高了特异性。

3) 延伸(extention):延伸反应通常为 72℃,接近于 Taq DNA 聚合酶的最
适反应温度 75℃。实际上,引物延伸在退火时即已开始,因为 Taq DNA 聚合
酶的作用温度范围可从 20~85℃。延伸反应时间的长短取决于目的序列的
长度和浓度。在一般反应体系中,Taq 酶每分钟约可合成 1 kb 长的 DNA,延
伸时间过长会导致产物非特异性增加。但对很低浓度的目的序列,则可适当
增加延伸反应的时间。一般在扩增反应完成后,都需要一步较长时间(10~
30 min)的延伸反应,以获得尽可能完整的产物,这对以后进行克隆或测序反
应尤为重要。

4) 循环次数(cycle):当其它参数确定之后,循环次数主要取决于 DNA 浓度。
一般而言 25~30 轮循环已经足够,循环次数过多,会使 PCR 产物中非特异性产物
大量增加。通常经 25~30 轮循环扩增后,反应中 Taq DNA 聚合酶已经不足,如
果此时产物量仍不够,需要进一步扩增,可将扩增的 DNA 样品稀释 10^3~10^5 倍作
为模板,重新加入各种反应底物进行扩增,这样经 60 轮循环后,扩增水平可达
10^9~10^{10}。在扩增后期,由于产物积累,使原来呈指数扩增的反应变成平坦的曲
线,产物不再随循环数而明显上升,这称为平台效应。平台期会使原先由于错配而
产生的低浓度非特异性产物继续大量扩增,达到较高水平。因此,应适当调节循环
次数,在平台期前结束反应,减少非特异性产物。

2. RT – PCR 实验原理

PCR 技术不仅可以用来扩增 DNA 模板,同样也可以扩增反转录成 cDNA 形
式的特定的 RNA 序列,即反转录 PCR(reverse transcription-polymerase chain
reaction,RT – PCR),又称为逆转录 PCR。其原理是:提取组织或细胞中的总
RNA,以其中的 mRNA 作为模板,采用 Oligo(dT)、基因特异性的引物 GSP(gene
special primer)或随机引物,利用逆转录酶反转录成 cDNA(complementary DNA,
cDNA),再以 cDNA 为模板进行 PCR 扩增,从而获得目的基因或检测基因表达。
作为模板的 RNA 可以是总 RNA、mRNA 或体外转录的 RNA 产物,无论使用何
种 RNA,关键是确保 RNA 中无 RNA 酶和基因组 DNA 的污染。反转录生成
cDNA 可选择 3 种不同的引物:

(1)随机六聚体引物:当特定 mRNA 由于含有使反转录酶终止的序列而难
于拷贝其全长序列时,可采用随机六聚体引物这一不特异的引物来拷贝全长
mRNA。用此种方法时,体系中所有 RNA 分子全部充当了合成 cDNA 第一链的

模板,PCR 引物在扩增过程中赋予所需要的特异性。通常用此引物合成的 cDNA 中 96% 来源于 rRNA,是特异性最低的方法,引物在整个模板的多个位点退火,产生短的、部分长度的 cDNA。此方法常用于获取 5′ 端序列及从带有二级结构区域或带有反转录酶不能复制的终止子位点的 RNA 模板获得 cDNA。随机引物的起始质量浓度范围为 50~250 μg 每 20 μl 体系。

(2) Oligo(dT):是一种针对 mRNA 的特异方法。因绝大多数真核细胞 mRNA 具有 3′ 端 Poly(A)尾,此引物与其配对,仅 mRNA 可被反转录。由于 Poly(A)RNA 仅占总 RNA 的 1%~5%,故此种引物合成的 cDNA 比随机六聚体作为引物得到的 cDNA 在数量和复杂性方面均要小。Oligo(dT)$_{12\sim18}$ 适用于多数 RT - PCR,每 20 μl 体系使用 0.5 μg Oligo(dT)。

(3) 特异性引物:最特异的引发方法是用含目标 RNA 的互补序列的寡核苷酸作为引物,若 PCR 反应用二种特异性引物,第一条链的合成可由与 mRNA 3′ 端最靠近的配对引物起始。用此类引物仅产生所需要的 cDNA,可以获得更为特异的 PCR 扩增。

RT - PCR 使 RNA 检测的灵敏性提高了几个数量级,使一些极为微量 RNA 样品分析成为可能。该技术主要用于分析基因的转录产物、获取目的基因、合成 cDNA 探针、构建 RNA 高效转录系统。

【仪器、材料】

1. 仪器

Eppendorf(离心)管、管架、吸头、吸头盒、旋转混合器、低温高速离心机、微量移液器、制冰机、冰盒、水浴锅、电泳仪、电泳槽、紫外检测仪。

2. 材料

10× PCR 反应缓冲液、MgCl$_2$(25 mmol/L)、四种 dNTP 混合物(各 10 mmol/L)、Taq DNA 聚合酶(5 U/μl)、上游引物(10 μmol/L)、下游引物(10 μmol/L)、第一链 cDNA 合成试剂盒 RevertAid™ First Strand cDNA Synthesis Kit(MBI)。

实验 4.1 PCR 扩增

【实验步骤】

1. 制备不同来源的模板 DNA,如染色体 DNA(见实验一)、质粒 DNA(见实验三)。

2. 取无菌 0.2 ml PCR 管置于冰浴中,在其中添加以下成分。

10×PCR 反应缓冲液	10 μl
dNTP 混合物(各 10 mmol/L)	2 μl(各 200 μmol/L)
上游引物(10 μmol/L)	5 μl
下游引物(10 μmol/L)	5 μl
DNA 模板	5 μl(100~200 ng)
Taq 酶(5 U/μl)	0.5 μl(2.5 U)
加无菌去离子水至终体积	100 μl

3. 混匀后稍作离心,如果利用非热盖型 PCR 仪器,应添加 30 μl 石蜡油于反应管中,防止样品水分的蒸发。

4. 将反应管放入 PCR 仪中,按下列条件设计好反应程序,进行 PCR 反应(表 4-1)。

表 4-1　PCR 反应程序

94℃预变性 3~5 min			
变性	94℃	30 s	
退火	45~55℃	30 s	循环 30 次
延伸	72℃	30 s~2 min	
最后在 72℃ 保温 7~10 min			

5. PCR 反应结束后,取 5~10 μl 反应液进行电泳检测,鉴定 PCR 产物是否存在及其大小。

6. 电泳确认后,PCR 产物可用于下一步操作或-20℃保存。

实验 4.2　反转录 PCR

【实验步骤】

1. 总 RNA 的提取:见相关内容(实验二)。

2. cDNA 第一链的合成:

(1) 将 0.2 ml RNase-free 的 PCR 管置于冰上,加入 1~5 μg 总 RNA,1 μl 100 μmol/L Oligo(dT)$_{18}$,补 RNase-free 去离子水至 12 μl,轻微混匀,稍作离心,使液体集中在管底。

(2) 65℃ 保温 5 min,立即将 PCR 管置于冰浴中,使其冷却。

(3) 依次加入下列试剂。

5×RT 反应缓冲液	4 μl
RiboLock™ RNA 酶抑制剂(20 U/μl)	1 μl
dNTP 混合物(各 10 mmol/L)	2 μl
RevertAid™ M-MuLV 反转录酶(200 U/μl)	1 μl

(4) 轻微混匀,稍作离心,在 PCR 仪上 42℃保温 60 min。

(5) 70℃加热 5 min,终止反应。该产物可立即用于 PCR 扩增或－20℃保存。

3. PCR 扩增:

(1) 取 PCR 管置于冰上,加入下列试剂。

cDNA 第一链	1 μl
10×PCR 反应缓冲液	5 μl
dNTP 混合物(各 10 mmol/L)	1 μl
上游引物(10 μmol/L)	2 μl
下游引物(10 μmol/L)	2 μl
Taq 酶(5 U/μl)	0.3 μl
加无菌去离子水至终体积	50 μl

(2) 轻轻混匀,稍许离心。

(3) 设定 PCR 程序,扩增 30 个循环。

(4) 电泳确认后,PCR 产物可用于下一步操作或－20℃保存。

【注意事项】

1. PCR 反应的灵敏度很高,为了防止污染,使用的 0.2 ml PCR 管和吸头都必须是新的、无污染的。并且应设含除模板 DNA 所有其他成分的阴性对照。

2. 配制反应体系的加样次序为:ddH$_2$O、缓冲液、DNA,最后加酶,如将酶直接加入到 10 倍浓缩缓冲液中,会引起酶的严重失活。使用工具酶的操作必须在冰浴条件下进行,使用后剩余的工具酶应立即放回冰箱中。

3. 在反转录实验过程中要防止 RNA 的降解,保持 RNA 的完整性。

4. RT－PCR 内参的设定:主要用于目的 RNA 的定量。常用的内参有甘油醛－3－磷酸脱氢酶、β-肌动蛋白(β－Actin)等。其目的在于避免 RNA 定量误差、加样误差以及各 PCR 反应体系中扩增效率不均一、各孔间的温度差等所造成的误差。

【思考题】

1. PCR 扩增如果出现非特异性带,可能有哪些原因?

2．PCR 引物的要求是什么？

3．实验过程中如果没有获得 PCR 产物，请分析原因，并设计实验进行排查。

4．反转录生成 cDNA 第一链可选择的引物有哪些？扩增的结果有何不同？

5．RT － PCR 实验步骤中：65℃ 保温 5 min，立即将 PCR 管置于冰浴中，使其冷却的目的是什么？

6．反转录酶具有哪些活性？

实验 5 限制性内切酶的酶切反应

【实验目的】

通过本实验了解酶切原理,使学生掌握质粒 DNA 的限制性内切酶酶切分析技术,熟悉基因工程所用限制性核酸内切酶的特点。

【实验原理】

限制性内切酶(Restriction endonucleases)特异性地结合于一段被称为限制酶识别序列的特殊 DNA 序列之内或其附近的特异位点上,并在此处切割双链 DNA。它可分为 3 类。I类和Ⅲ类限制酶在同一蛋白质分子中兼有修饰(甲基化)作用和依赖 ATP 的限制(切割)活性(双功能酶),Ⅱ类修饰-限制系统是由两种酶分子组成的双元系统:一种为限制酶,它切割某一特异的核苷酸序列,另一种为独立的甲基化酶,它修饰同一识别序列。分子生物学中常用的就是Ⅱ类。

绝大多数的Ⅱ类限制酶识别长度为 $4\sim8$ 个核苷酸且呈二重对称的特异序列。如 $EcoRI$ 的识别序列是 $5'-G \downarrow AATTC-3'$,$BamHI$ 的识别序列是 $5'-G \downarrow GATCC-3'$,$Hind$Ⅲ的识别序列是 $5'-A \downarrow AGCTT-3'$。限制酶在特定切割部位进行切割时,按照切割的方式,又可以分为错位切和平切两种。错位切一般是在两条链的不同部位切割,中间相隔几个核苷酸,切下后的两端形成一种回文式的单链末端,这个末端能与具有互补碱基的目的基因的 DNA 片段连接,故称为黏性末端,如 $EcoRI$ 切割识别序列后产生两个互补的黏性末端 $\left(\begin{matrix}5'-G & AATTC-3' \\ 3'-CTTAA & G-5'\end{matrix}\right)$。这类酶在基因工程中应用最多。另一种是在两条链的特定序列的相同部位切割,形成一个平末端。

每种限制性内切酶都有特定的反应条件,如特别的 pH 范围,缓冲液组分,温育温度等,具体的使用可参考有关的工具书或产品说明。一般温度 37℃,pH $7.5\sim8.0$ 对大多数酶来讲是适合的,但缓冲液的组分则变化很大,典型的组分应有 Tris、NaCl、$MgCl_2$,和巯基试剂(如巯基乙醇或二硫苏糖醇)。

典型的反应体系中包括 1 μg 或更少的 DNA 和 1 单位酶以及合适的反应介质。反应总体积通常控制在 $20\sim50$ μl,反应时间在 1 h,而反应的终止则由 EDTA 溶液的加入完成,因为它能螯合核酸酶活性所必需的金属离子。

本实验用于酶切的材料为 pUC18/19 质粒,pUC18 与 pUC19 质粒的不同之处为多克隆位点的顺序正好相反(见图 5 - 1)。多克隆位点(multiple cloning site，MCS)，是包含多个(最多 20 个)限制性酶切位点(restriction site)的一段很短的 DNA 序列。也称为多位点接头(polylinker)，是基因工程中常用到的载体质粒的标准配置序列。MCS 中，每个限制性酶切位点通常是唯一的，即它们在一个特定的载体质粒中只出现一次。多克隆位点广泛应用于分子克隆和亚克隆工程中，是分子生物学、生物工程和分子遗传学研究的重要实验工具。生物技术学家可以轻而易举地将一个或多个外源 DNA 片段插入到多克隆位点所在的区域中，为基因改造、为转基因生物奠定基础。

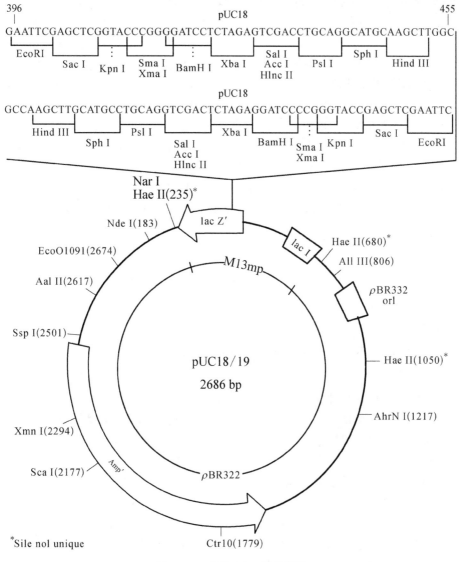

图 5 - 1　pUC18/19 质粒图谱

【仪器、材料】

1. 仪器

电泳仪,台式高速离心机,恒温水浴锅,微量移液枪,微波炉或电炉,琼脂糖凝胶成像系统。

2. 材料

纯化的 pUC18/19 质粒 DNA;EcoRI 酶及其酶切缓冲液;$Hind$Ⅲ 酶及其酶切缓冲液;琼脂糖(Agarose):进口或国产的电泳用琼脂糖均可。

【试剂】

1. EcoRI 限制性内切酶(附 10×酶切缓冲液)。

2. $Hind$Ⅲ 限制性内切酶(附 10×酶切缓冲液)。

3. Sal I 限制性内切酶(附 10×酶切缓冲液)。

4. λ-DNA 的 $Hind$Ⅲ 酶切样品,作为相对分子质量标准。

5. 5×TBE 电泳缓冲液:称取 Tris 54 g,硼酸 27.5 g,并加入 0.5 mol/L EDTA (pH 8.0) 20 ml,定溶至 1 000 ml。

6. 6×电泳载样缓冲液:0.25%溴粉蓝,40%(W/V)蔗糖水溶液,贮存于 4℃。

7. 溴化乙锭(EB)溶液母液:将 EB 配制成 10 mg/ml,用铝箔或黑纸包裹容器,储于室温即可。

实验 5.1　　pUC18/19 质粒 DNA 的 *Eco*RI 单酶解

【实验步骤】

1. 在无菌 Ep 管中用微量移液枪依次加入下例试剂。

无菌水	7 μl
EcoRI 10×酶切缓冲液	2 μl
pUC18/19 质粒 DNA	10 μl(含 0.2~1 μg DNA)
EcoRI 限制性内切酶	1 μl(5 U/μl)
总体积	20 μl

2. 离心 2s,收集并混匀反应液。

3. 37℃水浴 1.5~2 h。

4. 取出 Eppendorf(Ep)管,吸取 1~2μl 进行电泳分析,以 λ-DNA 的 $Hind$Ⅲ 酶切标准相对分子质量为对照鉴定 DNA 酶解效果。如酶切不完全,可继续 37℃水浴,或加入适量限制性内切酶后继续反应。

5. 经电泳观察酶切反应完全后,将上述反应液置 65℃水浴中 10～15 min,中止酶切反应,保存于－20℃备用。

实验 5.2　*Hind*Ⅲ 和 *Sal* I 对 pUC18/19 质粒 DNA 的双酶切

1. 在无菌 Ep 管中用微量移液枪依次加入下列试剂。

无菌水	15 μl
*Hind*Ⅲ 10×酶切缓冲液	2 μl
pUC18/19 质粒 DNA	2 μl(含 1～2 μg DNA)
*Hind*Ⅲ 限制性内切酶	1 μl(5 U/μl)
总体积	20 μl

2. 离心 2 s,收集并混匀反应液。37℃水浴 1 h。

3. 加入 1 μl 1 mol/L NaCl,稍后混匀后再加入 1 μl *Sal* I 限制性内切酶。

4. 离心 2 s,收集并混匀反应液。37℃水浴 1 h。

5. 以 λ - DNA 的 *Hind*Ⅲ 酶切标准相对分子质量为对照,电泳分析鉴定 DNA 酶解效果。

【注意事项】

1. DNA 的质量是影响酶切效果的因素之一。DNA 中包括 Dnase 在内的蛋白杂酶等会使 DNA 降解,并且随着酶切时间的增长,降解越严重。杂质 DNA 或 RNA 会与酶发生非专一性的结合而使酶活相对减少,甚至会导致切不动目的 DNA 片段。样品中酚、氯仿等有机溶剂则能抑制酶的活性,严重导致酶失活,因此 DNA 样品的质量要有所保证。

2. 酶活力通常用酶单位(U)表示,酶单位的定义是:在最适反应条件下,1 h 完全降解 1 μg λDNA 的酶量为一个单位,但是许多实验制备的 DNA 不像 λDNA 那样易于降解,需适当增加酶的使用量。反应液中加入过量的酶是不合适的,除考虑成本外,酶液中的微量杂质可能干扰随后的反应。

3. 市场销售的酶一般浓度很大,为节约起见,使用时可事先用 1×酶反应缓冲液进行稀释。另外,酶通常保存在 50%的甘油中,实验中,应将反应液中甘油浓度控制在 1/10 之下,否则酶活性将受影响。

4. 酶切时加样顺序一般为水、缓冲液、DNA 及酶液。其中水的体积可变,由反应体系中其余各成分定量后确定。吸取酶液时,要在冰浴上操作并从溶液表面吸取,以防止吸头蘸取过多的酶液,取液后盖紧盖子,立即放回－20℃冰箱保存,防止限制性内切酶的失活。

5. DNA 纯度、缓冲液、温度条件及限制性内切酶本身都会影响限制性内切酶的活性。大部分限制性内切酶不受 RNA 或单链 DNA 的影响。当微量的污染物进入限制性内切酶贮存液中时,会影响其进一步使用,因此在吸取限制性内切酶时,每次都要用新的吸管头。如果采用两种限制性内切酶,必须要注意分别提供各自的最适盐浓度。若两者可用同一缓冲液,则可同时水解;若需要不同的盐浓度,则低盐浓度的限制性内切酶必须首先使用,随后调节盐浓度,再用高盐浓度的限制性内切酶水解(本实验的双酶切反应即如此)。也可在第一个酶切反应完成后,用等体积酚/氯仿抽提,加 0.1 倍体积 3 mol/L NaAc 和 2 倍体积无水乙醇,混匀后置于 −70℃低温冰箱内 30 min,离心、干燥并重新溶于第二种缓冲液中进行第二个酶切反应。

【思考题】

1. 影响限制性内切酶反应的因素有哪些?
2. 当采用二种酶进行酶切时,要注意哪些事项?

实验 6　凝胶电泳法进行 DNA 的分离和纯化

【实验目的】

通过本实验了解分离纯化 DNA 片段中的污染物方法和原理。掌握 PCR 产物纯化的实验技术,为后续的连接反应和转化反应打下良好的基础。

【实验原理】

首先利用低熔点琼脂糖凝胶电泳 DNA 片段,分离目的条带 DNA,然后紫外光下切割含目的 DNA 条带的胶块,利用胶回收试剂盒回收纯化 DNA 片段。试剂盒的胶回收柱采用特殊硅基质材料在一定的高盐缓冲系统下高效、专一的吸附 DNA、RNA 的原理,配备设计独特的离心吸附柱式结构,使用常规台式高速离心机,在几分钟之内即可以高效回收核酸片段。

【仪器、材料】

1. 仪器:琼脂糖凝胶电泳系统;紫外观察分析仪;离心机;单面刀片;恒温水浴锅。

2. 材料:酶切或其他处理后的 DNA 混合物;DNA 胶回收纯化试剂盒;琼脂糖。

【试剂】

1. $1 \times$ TAE 电泳缓冲液:45 mmol/L tris-硼酸,1 mmol/L EDTA,pH 8.0。

2. $6 \times$ 电泳载样缓冲液:0.25% 溴粉蓝,40%(W/V)蔗糖水溶液,贮存于 4℃。

其他相关试剂包含在胶回收试剂盒中。

【实验步骤】

1. 制备 1% 琼脂糖凝胶:称取 0.5 g 琼脂糖置于 200 ml 锥形瓶中,加入 50 ml $1 \times$ TAE,瓶口倒扣小烧杯,微波炉加热至琼脂糖完全溶化。

2. 胶板制备:取有机玻璃槽置于水平制胶槽中,在固定位置放好梳子,将冷却至 65℃ 左右的琼脂糖凝胶小心倒在玻璃槽上,使胶液缓慢展开,直至整个玻璃槽表面形成均匀胶层,室温静置至凝胶凝固,垂直拔出梳子;将载有胶的玻璃槽置于水平电泳槽中,加 1×TAE 电泳缓冲液至没过胶面约 0.5 cm。

3. 点样:在点样板上先将样品与上样缓冲液混匀(按 9∶1 混合),用微量取液器将样品加入胶板的样品小槽内。

4. 电泳:加样后的凝胶立即通电进行电泳,电压为 60～100 V,样品由负极向正极泳动,待前沿指示剂溴酚蓝泳动到胶板下沿约 1 cm 处,停止电泳;取出凝胶,将含需纯化的 DNA 胶切下,其余对照胶置于溴化乙锭中染色 5 min。

5. 切胶:在紫外灯下,将染色的胶与未染色的胶恢复原位置,对照染色的目的 DNA 条带,在同一位置切下未染色的琼脂糖块,放入 1.5 ml 离心管中。

6. 溶胶:按每 100 mg 琼脂糖加入 300～600 μl 溶胶液的比例加入溶胶液(本实验加 500 μl),置 55℃水浴 10 min,使琼脂糖块完全溶化,期间每 2 min 颠倒混匀一次促溶。

7. 吸附:将溶化后的琼脂糖液移入吸附柱,12 000 r/min 室温离心 1 min,倒掉收集管中的液体,再将吸附柱放入同一个收集管中。

8. 漂洗:在吸附杜中加入 500 μl 漂洗液,室温静置 1 min 后,12 000 r/min 室温离心 30 s,倒掉收集管中的液体,将吸附柱放入同一个收集管中。

9. 漂洗:再在吸附柱中加入 500 μl 漂洗液,12 000 r/min 室温离心 15 s,倒掉收集管中的液体,将吸附柱放入同一个收集管中;12 000 r/min 室温空离心 1 min。

10. 洗脱:将吸附柱放入一个干净的 1.5 ml 的离心管中,在吸附膜中央加入 30 μl 洗脱缓冲液,室温静置 2 min 后,12 000 r/min 室温离心 1 min(为提高回收效率可再洗脱一次),取 2 μl 用于琼脂糖凝胶电泳检测回收产物,其余贮存于 −20℃冰箱。

【注意事项】

1. 切胶时应快速操作,在紫外灯下时间长易伤害到眼睛。

2. 溴化乙锭染色后的 DNA 易受紫外光破坏,故尽量放置于暗室;切带时应使用长波紫外灯,切胶时间尽量短,否则 DNA 片段的完整性。

3. 胶块一定要充分融化,否则将会严重影响 DNA 的回收率。

4. 把洗脱液加热,使用时有利于提高洗脱液效率。

【思考题】

1. 如何有效提高凝胶纯化 PCR 产物的效率?

2. DNA 回收时应该注意哪些问题?

实验 7　　DNA 片段的体外连接

【实验目的】

掌握 DNA 体外连接的方法,将回收的 DNA 片段和质粒片段实现定向连接。

【实验原理】

DNA 连接酶催化两个双链 DNA 片段 $5'$ 端磷酸和 $3'$ 端羟基之间形成磷酸二酯键。DNA 连接酶主要有:T_4 噬菌体 DNA 连接酶和大肠杆菌连接酶两种。T_4 DNA 连接酶的底物可为:① 一条链带有缺口的双链 DNA 分子;② 两条存在互补黏性末端的双链 DNA 片段;③ 两个存在平末端的 DNA 片段;④ RNA - DNA 杂合体中,具缺口的 RNA 和 DNA 分子。大肠杆菌 DNA 连接酶适宜的底物只是带有缺口的双链 DNA 分子和具有同源互补黏性末端的不同 DNA 片段,它不能催化平末端 DNA 分子之间的连接。T_4 DNA 连接酶催化 DNA 连接的反应分三步进行:① 辅助因子 ATP 中磷酸基团与 T_4 DNA 连接酶上的 Leu 残基上的 —NH_2 结合,形成酶- AMP 复合物;② 酶- AMP 复合物活化 DNA 链 $5'$ 端磷酸基团,形成磷酸-磷酸酯键;③ DNA 链 $3'$ 端羟基活化与 $5'$ 端磷酸根形成磷酸二酯键,释放 AMP,完成 DNA 链间的连接。

大肠杆菌 DNA 连接酶催化 DNA 分子连接的机制及反应过程大致与 T_4 DNA 连接酶相同,只是辅助因子为 NAD^+。

用于克隆的质粒载体经单酶切成线状后,为防止载体自身环化,可以采用碱性磷酸酯酶(CIP 或 BAP)进行去磷酸化处理,以减少不含重组子的菌落产生。如要实现定向连接,则需要选择两种限制性内切酶分别对载体和外源 DNA 片段进行处理;同时,克服了单酶切易产生载体自连的缺陷,不需对载体进行去磷酸化处理。在 Mg^{2+} 和 ATP 存在下,T_4 DNA 连接酶能催化载体分子的黏性末端与外源 DNA 的相同黏性末端连接成重组 DNA 分子。

【仪器、材料】

1. 仪器:离心机;琼脂糖凝胶电泳系统;微量移液枪;恒温水浴锅。

2. 材料:经过 *Eco*R I 和 *Bam*H I 酶切处理的质粒 DNA 片段,回收纯化的同样经 *Eco*R I 和 *Bam*H I 酶切处理的外源 DNA 片段。

【试剂】

1. T₄DNA 连接酶(附 10×连接缓冲液)。

2. 电泳试剂同实验六。

【实验步骤】

1. 取 1 只无菌 Ep 管,用微量移液枪按下列顺序加入各成分。

重蒸水	11 μl
10×连接缓冲液	2 μl
双酶切处理的质粒 DNA	3 μl(约 0.1 μg)
双酶切外源 DNA 片段	3 μl(约 0.4 μg)
T₄DNA 连接酶	1 μl(2 U)
总体积	20 μl

2. 盖好盖子,用手指轻弹 Ep 管数次,并于台式离心机离心 2 s 以集中溶液。

3. 将反应管放入恒温水浴锅(已调至 12~16℃)中,连接过夜(12~16 h)。

4. 第二天上午取出约 25 μg 的 DNA 连接反应液进行琼脂糖凝胶电泳,观察连接反应效果,以未经连接的质粒 DNA 片段和酶切 DNA 片段作电泳对照。

【注意事项】

1. 本实验方案适于连接黏性末端 DNA 片段,如果用于平末端 DNA 片段的连接,必须加大连接酶用量,一般为黏性末端 DNA 片段连接用量的 10~100 倍。

2. 载体和插入片段的摩尔浓度比载体:插入片段的摩尔数的变化范围可为 1/16~1/8,但通常的变化范围是 1/3~3/1。插入片段的长度和序列的变化会影响和同一载体的连接效果。每一个连接反应都需要做实验,来选择最佳的载体和插入片段的摩尔数比。在最小的反应体积中,通常一个连接反应用 10~50 μg 的载体 DNA。

3. 进行连接反应时的保温的时间和温度也需优化。一般而言,平末端连接在 22℃保温 4~16 h,黏性末端在 22℃保温 3 h,或 16℃保温 16 h。大多数连接反应用 T₄DNA 连接酶,但大肠杆菌的 DNA 连接酶可用于黏性末端的连接,平末端连接时用此酶,活力较低。

4. 载体和插入片段的纯度应较高,溶解的溶剂最好使用灭菌的双蒸水而不是 TE 缓冲液,TE 缓冲液中含有离子,可能影响连接反应。

5. 实现定向连接,需要选择限制性内切酶。一般要采用生物信息软件分析外源片段的酶切位点,选择外源片段无而载体的多克隆位点有的限制性酶切位点；外源片段的 5′ 端可以通过引物，采用 PCR 方法获得两个不同的限制性酶切位点。

【思考题】

　　1. 影响 DNA 连接反应的因素有哪些？

　　2. 实现定向连接的注意事项有哪些？定向连接有何优点？

实验 8 大肠杆菌感受态细胞的制备

【实验目的】

学习掌握 $CaCl_2$ 法制备感受态细胞的原理和方法。

【实验原理】

将处于对数生长期的细菌置入 0℃ 的 $CaCl_2$ 低渗溶液中,使细胞膨胀,同时 Ca^{2+} 使细胞膜磷脂层形成液晶结构,使得位于外膜与内膜间隙中的部分核酸酶离开所在区域,这就构成了大肠杆菌人工诱导的感受态;此时加入 DNA,Ca^{2+} 又与 DNA 结合形成抗脱氧核糖核酸酶(DNase)的羟基-磷酸钙复合物,并黏附在细菌细胞膜的外表面上;经短暂 42℃ 热脉冲处理后,细菌细胞膜的液晶结构发生剧烈扰动,随之出现许多间隙,致使通透性增加,DNA 分子便趁机进入细胞内。此外在上述转化过程中,Mg^{2+} 的存在对 DNA 的稳定性起很大的作用,$MgCl_2$ 与 $CaCl_2$ 又对大肠杆菌某些菌株感受态细胞的建立具有独特的协同效应。1983 年,Hanahan 除了用 $CaCl_2$ 和 $MgCl_2$ 处理细胞外,还设计了一套用二甲基亚砜(DMSO)和二巯基苏糖醇(DTT)进一步诱导细胞产生高频感受态的程序,从而大大提高了大肠杆菌的转化效率。目前,Ca^{2+} 诱导法已成功地用于大肠杆菌、葡萄球菌以及其他一些革兰阴性菌的转化。

【仪器、材料】

1. 仪器:旋涡混合器,微量移液取样器,移液器吸头,50 ml 微量离心管,1.5 ml 微量离心管,双面微量离心管架,台式冷冻离心机,制冰机,恒温摇床,分光光度计,超净工作台,恒温培养箱,摇菌试管,三角烧瓶,接种环。

2. 材料:E.coli DH5α。

【试剂】

1. LB 液体培养基:蛋白胨 10 g/L,酵母提取物 5 g/L,NaCl 10 g/L,NaOH (1 mol/L)1 ml/L 调节至 pH 7.0,用蒸馏水定容为 1 000 ml,分装后,高温高压灭菌,贮存于 4℃。

2. 0.1 mol/L $CaCl_2$ 溶液:称取 1.12 g $CaCl_2$ 定容于 100 ml 双蒸水中,高温高压灭菌后,贮存于 4℃。

【实验步骤】

1. 取一支无菌的摇菌试管,在超净工作台中加入 2 ml LB(不含抗菌素)培养基。

2. 从超低温冰柜中取出 DH5α 菌种,放置在冰上。在超净工作台中用烧红后冷却的接种环插入冻结的菌中,然后接入含 2 ml LB 培养基的试管中,37℃摇床培养过夜。

3. 取 0.5 ml 上述菌液转接到含有 50 ml LB 培养基的三角烧瓶中,37℃下 250 r/min 摇床培养 2~3 h,测定 OD_{590} 为 0.375(<0.4,细胞数<10^8/ml,此为关键参数)。

以下操作除离心外,都在超净工作台中进行。

4. 将菌液分装到 1.5 ml 预冷无菌的聚丙烯离心管中,于冰上放置 10 min,然后于 4℃,5 000 r/min 离心 10 min。

5. 将离心管倒置以倒尽上清液,加入 1 ml 冰冷的 0.1 mol/L $CaCl_2$ 溶液,立即在涡旋混合器上混匀,插入冰中放置 30 min。

6. 4℃,5 000 r/min 离心 10 min,弃上清液后,用 1 ml 冰冷的 0.1 mol/L $CaCl_2$ 溶液重悬,插入冰中放置 30 min。

7. 4℃,5 000 r/min 离心 10 min,弃上清液后,用 200 μl 冰冷的 0.1 mol/L $CaCl_2$ 溶液垂悬,超净工作台中按每管 100 μl 分装到 1.5 ml 离心管中。可以直接用作转化实验,或立即放入−70℃超低温冰柜中保藏(可存放数月)。

8. 在被细菌污染的桌面上喷洒 70%乙醇,擦干桌面,写实验报告。

【注意事项】

菌体收集后,所有操作应在冰浴上完成。

【思考题】

1. 制备感受态细胞时,应特别注意哪些环节?

2. 制备大肠杆菌感受态细胞时,0.1 mol/L $CaCl_2$溶液的作用?

实验 9　重组子的转化

【实验目的】

学习将体外重组质粒 DNA(实验 7 的连接产物)引入受体细胞,使受体菌具有新的遗传特性。

【实验原理】

把外源 DNA 分子导入到某一宿主细菌细胞的过程称为转化(transformation)。当细菌处于容易吸收外源 DNA 的状态即感受态时,转化最易发生。质粒 DNA 黏附在细菌细胞表面,经过 42℃短时间的热击处理,促进吸收 DNA。然后在非选择培养基中培养一代(约 45 min),待质粒上所带的抗生素基因表达,就可以在含抗生素的培养基中生长。本实验所用重组 DNA 的载体上带有 β-半乳糖苷酶基因(*lacZ*)的调控序列和 β-半乳糖苷酶 N 端 146 个氨基酸的编码序列。这个编码区中插入了一个多克隆位点,但并没有破坏 *lacZ* 的阅读框架,不影响其正常功能。*E. coli* DH5α 菌株带有 β-半乳糖苷酶 C 端部分序列的编码信息。在各自独立的情况下,重组 DNA 的载体和 DH5α 编码的 β-半乳糖苷酶的片段都没有酶活性。但在重组 DNA 的载体和 DH5α 融为一体时可形成具有酶活性的蛋白质。这种 *lacZ* 基因上缺失近操纵基因区段的突变体与带有完整的近操纵基因区段的 β-半乳糖苷酸阴性突变体之间实现互补的现象叫 α-互补。由 α-互补产生的 Lac$^+$ 细菌较易识别,它在生色底物 X-gal(5-溴-4-氯-3-吲哚-β-D-半乳糖苷)存在下被 IPTG(异丙基硫代-β-D-半乳糖苷)诱导形成蓝色菌落;当外源片段插入到本实验所用重组 DNA 的载体的多克隆位点上后会导致读码框架改变,表达蛋白失活,产生的氨基酸片段失去 α-互补能力,因此在同样条件下含重组质粒的转化子在生色诱导培养基上只能形成白色菌落,从而可以在抗性平板上通过蓝白斑进行阳性克隆子的筛选。另外,在含乳糖的选择培养基上,α-互补产生的 Lac$^+$ 细菌由于含 β-半乳糖苷酶,能分解选择培养基中的乳糖,产生乳酸,使 pH 下降,因而产生红色菌落;而当外源片段插入后,失去 α-互补能力,因而不产生 β-半乳糖苷酶,无法分解培养基中的乳糖,菌落呈白色。由此可将重组质粒与自身环化的载体 DNA 分开。通过蓝白或红白颜色进行的筛选称为 α-互补现象筛选。

【仪器、材料】

1. 仪器：旋涡混合器，微量移液取样器，移液器吸头，1.5 ml 微量离心管，双面微量离心管架，干式恒温气浴（或恒温水浴锅），制冰机，恒温摇床，培养皿（已铺好固体 LB-Amp），超净工作台，酒精灯，玻璃涂棒，恒温培养箱。

2. 材料：*E. coli* DH5α 感受态细胞；实验 7 的连接产物。

【试剂】

1. LB 液体培养基（同实验 8）。

2. 氨苄青霉素储液（Amp）（100 mg/ml）：称取 5 g Amp 置于 50 ml 离心管中，加入 40 ml 灭菌水，充分溶解后，定容至 50 ml；用 0.22 μm 过滤膜过滤除菌，1 ml/份分装后，−20℃ 保存。

3. LB 固体培养基（加抗菌素）：称取蛋白胨 10 g，酵母浸膏 5 g，氯化钠 10 g，加入约 800 ml 的去离子水，充分搅拌溶解，滴加 5 mol/L NaOH（约 0.2 ml），调节至 pH 7.0；加去离子水将培养基定容至 1 L，再加入琼脂粉 15 g，高温高压灭菌后，冷却至约 60℃，加入 1 ml Amp 储液混匀，迅速倒平板。平板凝固后，置于 4℃保存。

4. X-gal 储液（20 mg/ml）：用二甲基甲酰胺溶解 X-gal 配制成 20 mg/ml 的储液，包以铝箔或黑纸以防止受光照被破坏，储存于 −20℃。

5. IPTG 储液（200 mg/ml）：在 800 μl 蒸馏水中溶解 200 mg IPTG 后，用蒸馏水定容至 1 ml，用 0.22μm 滤膜过滤除菌，0.1 ml/份分装并储于 −20℃。

【实验步骤】

1. 事先将恒温水浴的温度调到 42℃。

2. 从 −70℃ 超低温冰柜中取出一管（200 μl）感受态菌，立即插入冰上。

3. 迅速加入 5 μl 连接好的质粒混合液（DNA 含量不超过 100 μg），轻轻震荡后放置冰上 25 min。

4. 轻轻摇匀后插入 42℃ 水浴中 90 s 进行热休克，然后在超净工作台中向上述各管中分别加入预热至 37℃ 的 500 μl LB 培养基（不含抗生素）轻轻混匀，然后固定到摇床的弹簧架上 37℃ 振荡 45 min。

5. 在超净工作台中取上述转化混合液 100～300 μl，分别滴到含合适抗菌素的固体 LB 平板培养皿中，用酒精灯烧过的玻璃涂布棒涂布均匀（注意：玻璃涂布棒上的酒精熄灭后稍等片刻，待其冷却后再涂）。

6. 如果载体和宿主菌适合蓝白斑筛选的话，预先在平板上滴加 40 μl 2% X-gal，7 μl 20% IPTG，用酒精灯烧过的玻璃涂布棒涂布均匀。

7. 在涂好的培养皿上做上标记,先放置在 37℃恒温培养箱中 30～60 min 直到表面的液体都渗透到培养基里后,再倒置过来置于 37℃恒温培养箱中培养过夜(12～16 h)。

8. 在被细菌污染的桌面上喷洒 70％乙醇,擦干桌面,写实验报告。

9. 观察平板上长出的菌落克隆,以菌落之间能互相分开为好,注意白色菌斑。

【注意事项】

1. 转化实验用的玻璃器皿、微量吸管和离心管等,应彻底洗净并进行高压消毒,表面去污剂、化学试剂的污染将大大降低转化率。微量吸管应剪去尖端扩大口径。

2. 制备感受态细胞的培养时间最好以 OD 值来决定。对某种菌株在培养后不同时间取样测定 OD_{600} 值,比较不同 OD 值时细胞的转化效率,以确定对该种菌株的最佳 OD 值,以后每次实验就以确定的 OD 值为指标选用细胞培养的时间。

3. 转化态细胞应尽量保持低温,离心管应提前预冷。

4. 受体菌细胞经 $CaCl_2$ 处理后,细胞壁较脆,悬浮时小心操作。

【思考题】

1. 计算转化率,分析实验结果并分析影响转化率的因素有哪些。

2. 热击后,细胞转移至预热至 37℃的 LB 培养基中,于 37℃振荡培养 45 min,为什么此时的培养基不含抗生素?

3. 简述 α-互补现象筛选的原理。

实验 10　菌落 PCR 筛选阳性重组子

【实验目的】

学习利用菌落 PCR 技术筛选阳性重组子的方法。

【实验原理】

细菌细胞内的重组 DNA 以裸露状态存在。在高温条件下,细菌细胞破裂,细胞内 DNA 暴露并因高温的作用而变性成为单链状态的 DNA,此时该 DNA 可作为模板用于 PCR,进而检测该 DNA 中是否含有重组的外源 DNA 序列。

【仪器、材料】

1. 仪器:生化培养箱,超净工作台,离心机,PCR 仪,电泳仪,电泳槽,微量移液器,凝胶成像系统。

2. 材料:含待检测菌的阳性筛选平板,PCR 试剂盒,引物 1(primer 1)和引物 2(primer 2),PCR 管,移液器枪头,ddH$_2$O,电泳级琼脂糖,Tris 碱,硼酸。

【试剂】

1. PCR 试剂盒:10×PCR buffer,MgCl$_2$ 或 MgSO$_4$,dNTPs,DNA 聚合酶。

2. primer 1 和 primer 2:均配成 10 μmol 的使用液。

3. DNA Marker:根据 PCR 产物大小确定,一般为 DL2000,其 DNA 长度分布见图 10-1。

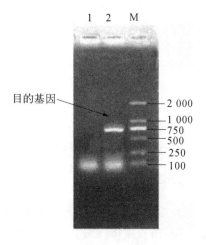

图 10-1　菌落 PCR 扩增目的基因结果

1. 空白对照　2. 菌落扩增获得目的基因 M. DNA Marker

【实验步骤】

1. 配制 25 μl 的 PCR 反应体系(表 10-1)。

最后用接种环挑取筛选平板中的待检测菌落,放入上述反应体系中。

表 10 - 1　PCR 反应体系

试　　　剂	剂　　　量
10× buffer	2.5 μl
MgCl$_2$ 或 MgSO$_4$	1.5～2.5 μl(若 buffer 里有,则可不加或少加)
dNTPs(2 μmol)	2.5 μl
primer 1 (10 μmol)	1.0 μl
primer 2 (10 μmol)	1.0 μl
Taq 酶(或其他用于 PCR 扩增的 DNA 聚合酶)	1 U
ddH$_2$O	补至 25 μl

2.PCR 程序:配制好反应体系后,将其放入 PCR 仪中。然后根据最初设计引物时的相关数据,设定 PCR 程序中的每一步的反应条件。通常设计的反应条件如下(表 10 - 2):

表 10 - 2　PCR 程序

94℃ 预变性	5 min	
94℃　变性	0.5～1 min	
50～60℃ 退火	1 min	30～35 个循环
72℃　延伸	2 min	
72℃ 最终延伸	8～10 min	
4℃ 保温		

设定好程序后,即可开始运行程序,进行 PCR。

3.PCR 产物的琼脂糖凝胶电泳检测见实验六:PCR 完成后,取 5～8 μl PCR 产物与适宜的上样缓冲液(loading buffer)混匀后,加样电泳,详细见实验 6。待电泳完成后,将凝胶置于凝胶成像系统中观察结果(图 10 - 1)。

【注意事项】

1. 配制 PCR 反应所用 PCR 管及移液器枪头要洁净、无菌,反应体系配制时要仔细,防止液体飞溅。

2. 要选取清晰、散落的菌落进行挑菌,防止沾染其他菌落或杂菌。

【思考题】

1. 菌落 PCR 扩增时应注意哪些问题?

2. 菌落 PCR 扩增鉴定阳性重组子的依据是什么?

实验 11　重组质粒的酶切鉴定

【实验目的】

学习并掌握重组质粒酶切鉴定的原理和方法。

【实验原理】

对于初步筛选具有重组子的菌落,提取重组质粒,用相应的限制性内切酶(一种或两种)切割重组子释放插入片断,对于可能存在双向插入的重组子还可用适当的限制性内切酶鉴定插入方向,然后用凝胶电泳检测插入片断和载体的大小,进一步鉴定初筛结果。

【仪器、材料】

1. 仪器:恒温水浴(或恒温金属浴),电泳仪,水平电泳槽,凝胶成像系统。
2. 材料:待酶切鉴定的重组质粒,PCR 扩增的目的 DNA 片段。

【试剂】

1. 酶切所需要的限制性内切核酸酶及其反应缓冲液。
2. DNA Marker:根据酶切片段的大小选用适宜的 DNA Marker。
3. loading buffer:6×或 10×含溴酚蓝的上样缓冲液。

【实验步骤】

1. 选择适宜的限制性内切核酸酶:根据载体的多克隆位点或目的 DNA 两端的酶切位点,选择适宜的限制性内切核酸酶。

2. 根据所选择的限制性内切核酸酶的相关信息(最适反应温度、离子条件等)选择相应的酶切体系:不同的限制性内切酶具有各自最佳的反应缓冲体系和反应温度,因此要结合所购买酶的具体情况,选择合适的一种或两种酶进行酶切。

3. 配制酶切体系,进行酶切:根据所购买酶的说明书,配制酶切所需要的反应体系。通常酶切体积需要在 20 μl 以上;如果进行多酶联合酶解,则应注意:对盐浓度要求相同的酶,原则上可以同时酶切,但应注意避免酶切序列重叠现象;对盐浓度要求不同的酶,可采取使用较贵的酶的盐浓度,加大较便宜酶的用量,同时酶解;或者先用低盐酶酶切,然后补加盐,再用高盐酶酶切;也可先用一种酶酶切,然后更换缓冲液,再用另一种酶切割。酶切时间一般 1～3 h,对于酶活性较低的酶可以酶切 6 h。

4. 进行琼脂糖凝胶电泳,分析酶切检测结果:酶切后,取适量反应液进行琼脂糖凝胶电泳,检测酶切效果(图 11-1)。琼脂糖凝胶电泳方法见实验六,琼脂糖浓度一般取 0.8%。

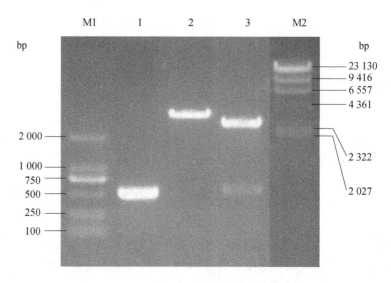

图 11-1　pMD18-T-DNA 酶切鉴定图谱

M1. DL2000 DNA marker　1. PCR 扩增的目的 DNA 对照　2. pMD18-T-DNA 单酶切　3. pMD18-T-DNA 双酶切　M2. λ *Hind* Ⅲ DNA marker

【注意事项】

1. 影响限制性内切酶活性的因素包括:酶切割位点周围核苷酸两侧的碱基的性质;识别序列在 DNA 中的分布频率;DNA 的构象及 DNA 的纯度(蛋白、氯仿、SDS、EDTA、甘油等)。因此,酶切时应尽量注意将影响酶切的因素降低到最小。

2. 酶切反应的整个过程应注意枪头的洁净以避免造成对酶的污染,为防止酶活性降低,取酶时应在冰上操作且动作迅速。

3. 市售的酶一般浓度很大,为节约起见,使用时可事先用 1×酶反应缓冲液进行稀释;可采取适当延长酶切时间或增加酶量的方式提高酶切效率,但内切酶用量不能超过总反应体积的 10%,否则,酶活性将因为甘油过量受到影响。

【思考题】

1. 对于不适宜进行同时酶切的两种酶的酶切,应该如何处理?

2. 为什么酶切时间不宜过短或过长?

实验 12　外源基因在大肠杆菌中的诱导表达

【实验目的】

了解外源基因在大肠杆菌($E. coli$)中被诱导表达的原理；掌握外源基因在 $E. coli$ 中被诱导表达的操作步骤。

【实验原理】

目的基因在宿主细胞中被人工诱导进行大量的表达，是基因工程中的一大内容。通过基因工程可大量获得自然界中生物体内稀有或表达量低的蛋白质。这不仅为研究这些蛋白的结构和功能提供充足的样品，而且还能将这些蛋白相对廉价的用于临床诊断、治疗及其他生物学基础研究。

$E. coli$ 作为人类研究最为透彻的细菌之一，其遗传背景及特性已十分清楚。$E. coli$ 的培养操作简单、生长繁殖快、廉价。人们用其作为外源基因的表达工具已有三十余年的经验积累。用 $E. coli$ 表达外源基因产物的水平远高于其他基因表达系统，因此，$E. coli$ 是目前应用最广泛的外源蛋白表达系统。

利用含有携带外源目的基因表达载体的 $E. coli$ 表达菌株，通过向细菌培养基中加入化学试剂或是通过温度等条件的诱导（根据所构建的表达载体确定，不同载体构建中所用启动子不同，诱导表达方式也不一定相同），可使外源基因在 $E. coli$ 中高效表达。

目前，常用的大肠杆菌表达质粒有 pGEX 系列和 pET 系列。pGEX 系列载体是利用谷胱甘肽 S-转移酶（GST）基因所构建的融合表达质粒，其中含有的多克隆位点（MCS）可用于将外源目的基因按照与 GST 基因通读的编码框插入载体，含有的 tac 启动子可在 IPTG 的诱导下表达其下游的基因序列。利用该载体所表达的融合蛋白中的 GST 可与谷胱甘肽亲和柱产生特异性结合反应的特点，可对融合蛋白质进行分离、纯化和鉴定等后续操作，最终再通过裂解将 GST 去除而获得目的蛋白。pET 系列载体是利用 6 个连续的组氨酸密码构建的融合表达载体，其可将外源目的基因与这 6 个组氨酸密码连接构成通读框而插入含有 lac 启动子的 MCS 处。lac 启动子同样也可被 IPTG 所诱导而启动插入序列的表达。所表达的融合蛋白中含有 6 个连续的组氨酸，这一肽段可以作为标签（his-tag）与金属镍结合形成螯合物，从而可实现对所表达融合蛋白的分离、纯化和鉴定等后续操作。由于组氨酸标签分子量很小且分子呈线性,因此无免疫原性;同时,多种融合蛋白验证组氨酸标签对蛋白的分泌、折叠、功能等没有影响,易获得与天然蛋白相似的产物。因此,不需对组氨酸标签做任何处理。

【仪器、材料】

1. 仪器:气浴恒温振荡培养箱,超净工作台,分光光度计或菌量分析仪(OD_{600}),高压灭菌锅,干热灭菌箱,滤菌膜,滤器,高速台式低温离心机,超声波细胞破碎仪,恒温金属浴(或水浴锅),连续可调移液器,烧杯,试管,培养皿,培养用锥形瓶,Eppendorf 管,移液器吸头。

2. 材料:含 pGEX 重组载体或含 pET 重组载体的 BL-21(DE3)菌株(重组 DNA 表达载体转化的大肠杆菌);含 pGEX 空载体或含 pET 空载体的 BL-21(DE3)菌株(空表达载体转化的大肠杆菌)。

【试剂】

1. 氨苄青霉素:用 ddH₂O 溶解氨苄青霉素,配制成 50 mg/ml 的贮液,用 0.22 μm 滤膜过滤除菌后,分装并储存于−20℃,工作浓度为 50～100 μg/ml。

2. LB 培养基:称取 10 g 胰蛋白胨,5 g 酵母抽提物(酵母浸膏或浸出粉),10 g NaCl,溶于 1 L 蒸馏水中,用 1 mol/L NaOH 将调至 pH 7.4,121℃高压灭菌 20 min。

3. 1 mol/L 的异丙基硫代半乳糖苷(isopropyl-b-D-thiogalactopyranoside,IPTG):称取 IPTG 2.38 g,溶于 10 ml 的 ddH₂O 中,用 0.22 μm 滤膜过滤除菌,1 ml/份分装后,−20℃保存。

4. 细菌蛋白抽提液:取 0.585 g NaCl,0.292 g EDTA,溶于 70 ml ddH₂O 中,用 1 mol/L NaOH 将调至 pH 8.0。

【实验步骤】

1. 重组菌的扩增

(1)挑取经筛选鉴定的阳性重组子和含有空载体的大肠杆菌 BL-21(DE3)菌落分别接种于装有 3 ml 含合适氨苄青霉素的液体 LB 培养基的试管中,37℃下,200 r/min 振荡培养 12～16 h。

(2)取上述步骤培养的菌液按 1:100 的比例,将阳性重组菌接种于 200 ml 含氨苄青霉素的液体 LB 培养基中(所用锥形瓶应选用 500 ml 大小的比较好);将含空载体的 BL-21(DE3)菌接种于 100 ml 含氨苄青霉素的液体 LB 培养基中(用 250 ml 培养瓶)。37℃下,200 r/min 振荡培养 2～3 h,期间在培养 2 h 后(培养基出现浑浊)每隔 15～20 min,吸取少量菌液在可见分光光度计上检测菌液浓度,待

OD_{600}达到 0.5～1.0 h(推荐 0.6 h),暂停培养。

2. 重组菌外源基因的诱导表达:在超净台下,将 200 ml 含有阳性重组子的 BL - 21(DE3)菌液均等分成四份,分别置入灭菌处理的 250 ml 锥形瓶中,并标记为 1～4 号,将 100 ml 含有空载体的 BL - 21(DE3)菌液均等分为两瓶并标记为 5、6 号,按表 12 - 1 对 1～6 号进行处理:

表 12 - 1　诱导表达菌分组及所加 IPTG 量

	阳性重组菌				含空载体菌	
编　　号	1	2	3	4	5	6
所添加 IPTG 的量(μl)	0	5	25	50	0	50
IPTG 终浓度(mmol/L)	0	0.1	0.5	1	0	1

将处理好的培养瓶置于 37℃摇床中,200 r/min 继续培养 3～4 h,直到菌液浓度达到 $OD_{600} \approx 1.4$。

3. 收集菌体细胞

(1) 在收取菌体细胞之前,取适量菌液(如 1 ml)通过 SDS - PAGE 检测分析总蛋白(方法见实验十三)。

(2) 在 4℃下,5 000 r/min 离心 5 min,收集菌体。轻缓地将培养基倒入一容器中,将离心管倒扣在吸水纸上以尽量去除剩余的培养基,然后采用去污剂或高热灭菌法处理倒出的培养基,所使用过的吸水纸也要高压灭菌才可丢弃。将所获得的细胞沉淀储存于 -20℃以用于后续操作。

4. 蛋白样品的抽提:将细胞沉淀用适量细菌蛋白抽提液悬浮并转移到 7 ml 离心管中,向管中加入细胞抽提液至适宜于采用超声波破碎仪破碎为止(一般加 2 ml 即可)。用移液器吹打,充分悬浮细胞后,将离心管放到含有碎冰的烧杯中。将超声波破碎仪的金属杆插入到离心管中,调整好位置,将温度感应探头放入冰中适当的位置,关上超声破破碎仪的门,打开电源,设置程序,对菌体进行超声破碎。破碎条件:功率 400 W 左右;工作 2 s,间隔 2 s,循环 5～10 次,此为 1 组处理。所有组的细菌细胞均按此操作处理后,8 000 r/min 离心 5 min。取出离心管,吸取上清液至一新的离心管中,此液即为所抽提的蛋白样品,可用于后续操作。(离心沉淀亦不要丢弃,以防破碎不完全;若破碎不完全可将此沉淀继续破碎,直至完全。)

【注意事项】

1. 在加入 IPTG 诱导表达之前,菌液的 OD_{600} 不宜超过 1,加入 IPTG 后表达时间亦不宜过长。

2. 有些外源目的蛋白经诱导表达后已形成包涵体,即不溶性的蛋白质聚合物。因此,多数情况下要考虑降低培养温度(20～30℃),延长诱导表达时间(12～

18 h),以获得比较理想的结果。

3. 若所表达的蛋白是分泌蛋白或可以从细胞中渗漏出来或延长了诱导表达的时间,应考虑储存培养基上清以用于进一步分析。

4. 若外源目的蛋白不表达或表达量少,则应考虑如下几方面:质粒不稳定或丢失;蛋白质降解;从第二翻译位点起始翻译;翻译效率的影响(翻译起始密码与SD 序列的距离及 SD 序列本身组成上的变化对翻译效率都会产生影响);mRNA的二级结构(在翻译起始位点附近的二级结构可能会影响翻译,因此考虑采用同义密码替换相应的密码子,以减少此处的互补序列);非预期的终止密码产生;转录终止提前;mRNA 的稳定性。

【思考题】

1. 诱导表达培养过程中,如何选用适宜的锥形瓶?

2. 实验中,为什么要设置含空载体细菌组? 设置含空载体菌的诱导表达组的目的是什么?

3. 大肠杆菌外源蛋白表达的诱导方法有哪些? 本实验采用的是哪种诱导方法?

4. 影响外源目的蛋白表达的因素有哪些?

实验 13　基因表达产物的检测分析：SDS – PAGE

【实验目的】

了解基因表达产物检测分析的原理，学习 SDS – 聚丙烯酰胺凝胶电泳（SDS – PAGE）的操作步骤，学会用 SDS – PAGE 分析蛋白的表达情况。

【实验原理】

含有外源目的基因的细菌在诱导物存在下，可被诱导表达产生相应的目的蛋白。通过检测所表达目的蛋白的大小或性质来判断其表达效果。而在检测诱导表达效果时，常采用 SDS – 聚丙烯酰胺凝胶电泳（即 SDS – PAGE）的方式来初步检测和判断所表达的蛋白情况。

蛋白质变性后在 SDS – PAGE 中的泳动速度取决于其相对分子质量的大小，而与其他因素无关。通过这种电泳方式可将细胞中所有蛋白质根据各自的相对分子质量的大小而分离开来。通过比对实验组和对照组中蛋白条带的差异，可以初步判断蛋白质是否表达及表达量如何。

SDS – PAGE 中，浓缩胶的作用是可以使蛋白混合物（样本）在酸性条件下，聚集在同一相对区域；分离胶则能将相对分子质量不同的变性蛋白质通过泳动速度的不同而彼此分离。

【仪器、材料】

1. 仪器：恒温水浴锅（或恒温金属浴），台式高速离心机，微量移液器，垂直板电泳槽及配套的玻璃板，制胶器，胶条，梳子，恒压恒流电泳仪，脱色摇床，微波炉，大培养皿，烧杯，白磁盘等。

2. 材料：离心管，移液器枪头，丙烯酰胺（acryl amide，Acr），N,N'-亚甲基双丙烯酰胺（bisacryl amide，Bis），三羟甲基氨基甲烷（Tris），盐酸（HCl）甘氨酸（Gly），十二烷基硫磺酸钠（SDS），过硫酸铵（Aps），N,N,N',N'-四甲基乙二胺（TEMED），预染标准蛋白，溴酚蓝，甘油，冰醋酸，无水乙醇，巯基乙醇，考马斯亮蓝 R_{250}，NaOH，K_2HPO_4。

【试剂】

1. 磷酸缓冲液(PBS)(pH 7.4,25℃)：称取 8 g NaCl、0.2 g KCl、1.44 g Na$_2$HPO$_4$ 和 0.24 g KH$_2$PO$_4$，溶解于 800 ml 蒸馏水中，用 HCl 调节溶液至 pH 7.4，加水定容至 1 L，在 121℃高压下蒸气灭菌 20 min，保存于室温。

2. 30%(W/V)聚丙烯酰胺(Acr：Bis=29：1)：称量 29 g Acr 和 1 g Bis，置于烧杯中。向烧杯中加入约 60 ml 的温热 ddH$_2$O，充分搅拌溶解后，再加入 ddH$_2$O 并将溶液定容至 100 ml。用 0.45 μm 滤膜滤去杂质，于棕色瓶中 4℃保存。

3. 1.5 mol/L Tris-HCl 缓冲液(pH 8.8)：称取 Tris 2.5 g 先用少量的 dH$_2$O 溶解，加入 1 mol/L 的 HCl 约 25 ml，再加 1 mol/L HCl 调至 pH 8.8，最后加 dH$_2$O 补至 100 ml，4℃保存。

4. 0.5 mol/L Tris-HCl 缓冲液(pH 6.8)：称取 6.0 g Tris，加入 50 ml dH$_2$O，使之溶解，用 1 mol/L 的 HCl 调至 pH 6.8，再加 dH$_2$O 至总体积 100 ml，4℃保存。

5. 10%SDS 溶液：称取 SDS 10 g，加入 100 ml dH$_2$O 中，微热溶解，室温保存。

6. 10%过硫酸铵：称取 0.1 g 过硫酸铵溶于 1 ml dH$_2$O 中，临用前配制。

7. 5×SDS 凝胶上样缓冲液(pH 6.8)：取 2.5 ml 1 mol/L Tris-HCl，加入 1 g SDS，5 ml 甘油，50 mg 溴酚蓝，加水定容至 10 ml，分装后(500 μl/份)室温存放，临用前每份加入 25 μl β-巯基乙醇(2-ME)，室温下可用一个月左右。

8. 5×Tris-甘氨酸电泳缓冲液(pH 8.3)：在 900 ml ddH$_2$O 中溶解 15.1 g Tris 碱，72 g 甘氨酸和 5 g SDS，用 ddH$_2$O 补至 1 000 ml，室温存放，使用时稀释 5 倍使用。

9. 固定液：含 50%乙醇和 10%冰乙酸的水溶液。

10. 考马斯亮蓝 R$_{250}$染色液：称取 0.5 g 考马斯亮蓝 R$_{250}$，置于 1 L 烧杯中；然后量取 200 ml 的异丙醇加入上述烧杯中，搅拌溶解，再加入 50 ml 的冰乙酸，均匀搅拌，再加入 ddH$_2$O 定容至 500 ml，用滤纸出去颗粒物质后，室温保存。

11. 考马斯亮蓝染色脱色液：取 50 ml 冰乙酸，350 ml 无水乙醇，600 ml ddH$_2$O，充分混合后使用。

【实验步骤】

1. 样品制备：取菌液 1 ml，12 000 r/min，2 min 离心沉积菌体，弃上清后在沉淀中加入 100 μl 磷酸盐缓冲液(PBS)，用移液器小心吹打至无明显细胞团块，加入 25 μl 的 5×上样缓冲液，沸水煮 5 min(此处也可反复超声波破碎菌体 4~5 次，每次约 30 s，12 000 r/min，10 min 离心取上清液，加入 1/4 体积的 5×上样缓冲液，沸水煮 5 min)。此时会发现样品变得黏稠，用移液器细枪头(或注射器细针头)将样品反复吸打，使样品变得不再黏稠为止。将样品 12 000 r/min 离心 5 min，小心吸取上清液作为样品加样。

2. 凝胶的灌制

（1）将玻璃板安好胶条后夹到制胶器中。

（2）根据玻璃板的大小，按所需丙烯酰胺浓度（根据目的蛋白的大小来选择分离胶浓度，见表 13－1）配制分离胶溶液，按表 13－2 中所示的顺序依次混匀各成分，加入 N,N,N',N'-四甲基乙二胺（TEMED）后迅速混匀。

（3）将丙烯酰胺溶液灌至玻璃板的中间，给浓缩胶留出足够空间。在丙烯酰胺溶液上覆盖一层 ddH_2O，注意加水时，用移液器从左至右均匀地加，以免造成胶面不平，两液面交接处呈波浪形。将凝胶垂直放置于室温下。

（4）待聚合后（约 30 min）（顶部呈一直线即可），倒掉覆盖层，用 ddH_2O 清洗凝胶顶部以去除残留的未聚合的丙烯酰胺，并用纸巾吸净残留的水。

（5）按表 13－3 中的方法配制适当体积的浓缩胶，按表中所示的顺序依次混匀各成分，加入 TEMED 后迅速混匀。

（6）将浓缩胶灌制于聚合好的分离胶上，立即在其中插入一块干净的梳子，注意梳孔处留一定空隙，让凝胶和空气接触，加快凝胶凝固的速度。

（7）等胶完全凝好后，拔出梳子，上样。

表 13－1　各丙烯酰胺胶浓度对应的蛋白线性分离范围

丙烯酰胺浓度（%）	线性分离范围（kDa）
15	10～43
12	12～60
10	20～80
8	30～90
6	50～150

表 13－2　配制 Tris-甘氨酸 SDS 聚丙烯酰胺凝胶电泳分离胶所用溶液

成　　分	配制不同体积和浓度凝胶所需各成分的体积/ml						
	5	10	15	20	25	30	40
6%胶							
水	2.6	5.3	7.9	10.6	13.2	15.9	21.2
30%丙烯酰胺混合液	1.0	2.0	3.0	4.0	5.0	6.0	8.0
1.5 mol/L Tris(pH8.8)	1.3	2.5	3.8	5.0	6.3	7.5	10.0
10%SDS	0.05	0.1	0.15	0.2	0.25	0.3	0.4
10%过硫酸铵*	0.05	0.1	0.15	0.2	0.25	0.3	0.4
TEMED	0.004	0.008	0.012	0.016	0.02	0.024	0.032

（续　表）

成　　分	配制不同体积和浓度凝胶所需各成分的体积/ml						
	5	10	15	20	25	30	40
8%胶							
水	2.3	4.6	6.9	9.3	11.5	13.9	18.5
30%丙烯酰胺混合液	1.3	2.7	4.0	5.3	6.7	8.0	10.7
1.5 mol/L Tris(pH8.8)	1.3	2.5	3.8	5.0	6.3	7.5	10.0
10%SDS	0.05	0.1	0.15	0.2	0.25	0.3	0.4
10%过硫酸铵*	0.05	0.1	0.15	0.2	0.25	0.3	0.4
TEMED	0.003	0.006	0.009	0.012	0.015	0.018	0.024
10%胶							
水	1.9	4.0	5.9	7.9	9.9	11.9	15.9
30%丙烯酰胺混合液	1.7	3.3	5.0	6.7	8.3	10.0	13.3
1.5 mol/L Tris(pH8.8)	1.3	2.5	3.8	5.0	6.3	7.5	10.0
10%SDS	0.05	0.1	0.15	0.2	0.25	0.3	0.4
10%过硫酸铵*	0.04	0.08	0.12	0.15	0.25	0.3	0.4
TEMED	0.002	0.004	0.006	0.008	0.01	0.012	0.016
12%胶							
水	1.6	3.3	4.9	6.6	8.2	9.9	13.2
30%丙烯酰胺混合液	2.0	4.0	6.0	8.0	10.0	12.0	16.0
1.5 mol/L Tris(pH8.8)	1.3	2.5	3.8	5.0	6.3	7.5	10.0
10%SDS	0.05	0.1	0.15	0.2	0.25	0.3	0.4
10%过硫酸铵*	0.04	0.08	0.12	0.15	0.25	0.3	0.4
TEMED	0.002	0.004	0.006	0.008	0.01	0.012	0.016
15%胶							
水	1.1	2.3	3.4	4.6	5.7	6.9	9.2
30%丙烯酰胺混合液	2.5	5.0	7.5	10.0	12.5	15.0	20.0
1.5 mol/L Tris(pH8.8)	1.3	2.5	3.8	5.0	6.3	7.5	10.0
10%SDS	0.05	0.1	0.15	0.2	0.25	0.3	0.4
10%过硫酸铵*	0.04	0.08	0.12	0.15	0.25	0.3	0.4
TEMED	0.002	0.004	0.006	0.008	0.01	0.012	0.016

*此试剂在天热时可减量

表13-3　配制 Tris-甘氨酸 SDS 聚丙烯酰胺凝胶电泳 4%浓缩胶所用溶液

成　　分	配制不同体积和浓度凝胶所需各成分的体积/ml			
	3	5	8	15
水	1.8	3.02	4.8	9.06
30%丙烯酰胺混合液	0.45	0.65	1.04	1.95
0.5 mol/L Tris(pH6.8)	0.75	1.25	2.0	3.75
10%SDS	0.03	0.05	0.08	0.15
10%过硫酸铵*	0.025	0.05	0.07	0.10
TEMED	0.005	0.01	0.01	0.01

*此试剂在天热时可减量

3. 加样并进行电泳

（1）浓缩胶聚合后（约 30 min），小心取出梳子，立即用 ddH$_2$O 洗涤加样槽，以去除未聚合的丙烯酰胺。将凝胶固定在电泳装置上，在上下槽中加入 1× Tris-甘氨酸电泳缓冲液。

（2）按预定顺序加样，每个样品的上样量为 10～20 μl（根据需要而定），同时在相应加样孔加入预染标准蛋白作为 Marker。

（3）将电泳装置与电源连接，在电压为 80 V 的条件下开始电泳；待溴酚蓝在分离胶和浓缩胶交接处成一条线后，将电压提高到 100～150 V，继续电泳，直至溴酚蓝跑到分离胶底线或距其底线≤0.5 cm 时，关闭电源。

（4）从电泳装置上卸下玻璃板，放在纸巾上，小心分开玻璃板。

（5）将剥离的凝胶置于装有固定液的培养皿中，轻轻摇动，固定 2 h。

4. 用考马斯亮蓝对 SDS 聚丙烯酰胺凝胶进行染色与脱色处理

（1）固定完毕后，用考马斯亮蓝染液浸泡凝胶，染液须完全覆盖胶面，放在脱色摇床上，在室温条件下缓慢摇动染色 0.5 h 左右。

（2）移出并回收染液以备后用，将凝胶浸泡于脱色液中，放入微波炉，80% 的火力加热 1 min，取出后更换脱色液，继续重复加热及更换脱色液至条带清晰。若没有微波炉，可将脱色皿或盘置于脱色摇床上，平缓摇动 3～5 h，其间更换脱色液 3～4 次，直至条带清晰。

（3）脱色后，可将凝胶浸于水中，长期封装在塑料袋内而不降低染色强度。但是，将经过固定的凝胶保存于水中会发生溶胀并在贮存中出现变形。为避免这一问题，经固定的凝胶应保存于含有 20% 甘油的水中，染色后的凝胶不应在脱色液中保存，否则导致已染色的蛋白带褪色。

5. 照相：为保留永久性记录，可对已染色的凝胶进行拍照（如图 13-1），或把染色的凝胶干燥成胶片保存。

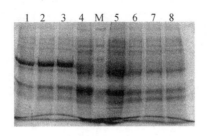

图 13-1　细胞破碎后蛋白电泳结果

1～3：不同浓度诱导剂诱导后阳性菌细胞破碎后蛋白电泳结果；4：阳性菌对照；M：蛋白 Marker；5：阴性菌对照；6～8：不同诱导剂诱导阴性菌细胞破碎后蛋白电泳结果

【注意事项】

1. 丙烯酰胺、SDS、β-巯基乙醇(2-ME)等具有毒性,在进行这些试剂配制时应谨慎操作,戴手套及口罩。

2. 30%聚丙烯酰胺放置时间不宜超过三周;10%过硫酸铵须为新鲜配制的溶液,SDS若出现白色沉淀,应放入37℃温箱片刻,使其成清亮溶液。

3. 根据环境温度适当调节过硫酸铵和 TEMED 的用量,也可将凝胶放入37℃温箱,以加快聚合速度。

4. 加水封存分离胶液面时应从左到右,缓慢均匀,避免出现波浪形。

5. 避免浓缩胶顶部有气泡,若有气泡,则用多余的胶液将气泡冲出,再插梳子;插入梳子后,由于胶凝而造成液面下降时,及时补加胶液以填满空隙。

6. 蛋白质上样量要适宜,不能溢出加样孔。

7. 跑胶时条带分布不好时,检查 SDS 是否过期(SDS 对条带迁移影响很大),聚丙烯酰胺是否配错,放置时间是否过长,试剂是否过期,跑胶时电压是否均匀。

8. 若胶太脆,则要检查聚丙烯酰胺是否配错,放置时间是否过长,试剂是否过期。

9. 若出现条带拉不开的现象,则可将分离胶面积加大或调整分离胶的浓度。

【思考题】

1. SDS-PAGE 用于基因表达产物检测分析的原理是什么?

2. 若染色的胶底色太重,应如何调整实验?

3. 蛋白电泳结果中蛋白条带不清晰的可能原因有哪些?

实验 14　Western Blotting(蛋白免疫印记)实验

【实验目的】

通过本实验理解蛋白质印迹的原理,了解其操作方法,熟悉操作要点。

【实验原理】

蛋白质印迹分析包括凝胶电泳分离样品;样品的印迹和固定化;检测分析三大部分实验内容。其过程包括蛋白质经凝胶电泳分离后,在电场作用下将凝胶上的蛋白质条带转移到聚偏氟乙烯(PVDF)膜或硝酸纤维素(NC)膜或尼龙膜等上,经封闭后再用抗待检蛋白质的抗体作为探针与之结合;经洗涤后,将滤膜与二级抗体(抗抗体——放射性标记的或辣根过氧化物酶标记的或碱性磷酸酶偶联抗免疫球蛋白抗体)结合;进一步洗涤后,通过放射自显影或原位酶反应来确定抗原-抗体-抗抗体复合物在滤膜上的位置和丰度。

【仪器、材料】

1. 仪器:高电流电泳仪,电泳转移槽及转移夹(电泳转移设备),水平摇床。

2. 材料:PVDF 膜(或 NC),常规滤纸及加厚滤纸,剪刀,镊子,手套,小尺,大平皿,封闭袋,搪瓷方盘,Tris 碱,Gly,甲醇,NaCl,HCl,吐温-20,牛血清白蛋白(BSA)或脱脂奶粉,氨基黑 10B(对硝基苯偶氮-3,6-二磺酸-1-氨基-8-萘酚-7-偶氮苯钠盐),过氧化氢(H_2O_2),双蒸水(ddH_2O),柠檬酸,冰醋酸,IgG 标准品,羊抗鼠辣根过氧化物酶(HRP)标记的 IgG 抗体,3,3-二氨基联苯胺(DAB)或 ECL 显色试剂盒,保鲜膜。

【试剂】

1. IgG 标准品:按照试剂说明书稀释使用。

2. 羊抗鼠辣根过氧化物酶(HRP)标记的 IgG 抗体:按试剂说明书稀释使用。

3. 转移缓冲液:Tris 3.03 g,Gly 14.41 g,甲醇 200 ml,加 ddH_2O 至 1 000 ml 充分溶解,4℃冰箱贮存。

4. Tris 缓冲液(10×TBS):Tris 12.1 g,NaCl 87.75 g,溶于 800 ml ddH_2O,再用 1 mol/L HCl 调至 pH 7.4,然后补加 ddH_2O 至 1 000 ml。使用时,用 ddH_2O

稀释十倍。

5. 漂洗液(1×TBST)：取 10×TBS 100 ml,加入 ddH$_2$O 850 ml,再加入 Tween-20 1 ml,最后用 ddH$_2$O 定容至 1 000 ml。

6. 封闭液：取 BSA 10 g,10×TBS 40 ml,ddH$_2$O 定容至 100 ml,用时按 1∶3 的比例与 1×TBST 混合;或者称取 5 g 脱脂奶粉,加入 1×TBST 充分溶解并定容 至 100 ml(5％脱脂奶)。

7. 抗体缓冲液：1.5 g BSA 或 1 g 脱脂奶粉溶于 50 ml 1×TBST 中。

8. 显色液 DAB(3,3-diaminobenzidine,3,3-二氨基联苯胺)：取 5 mg DAB 溶于 10 ml 柠檬酸 buffer(0.01 mol/L 柠檬酸 2.6 ml,0.02 mol/L Na$_2$HPO$_4$ 17.39 ml),加 30％ H$_2$O$_2$ 10 μl(临用时现配)。

9. 氨基黑 10B 染色液(0.1％氨基黑-10B)：取 0.2 g 氨基黑 10B 溶于 90 ml 甲醇中,再加冰醋酸 10 ml 和 dH$_2$O100 ml,混合充分搅拌溶解,滤纸过滤即成。

脱色液：甲醇 450 ml,冰醋酸 50 ml,加 dH$_2$O 至 1 000 ml。

【实验步骤】

1. 样品的 SDS-聚丙烯酰胺凝胶电泳：按实验十三操作步骤进行。加样时,注意在同一块胶上按顺序做一份重复点样,以备电泳结束时,一份用于免疫鉴定,一份用于蛋白染色显带,以利于相互对比,分析实验结果。

2. 转移印迹

(1) 滤纸、膜处理：戴上手套,用干净的剪刀将 2 张加厚滤纸,1 张 PVDF 膜剪成与胶同样大小。然后将 PVDF 膜在甲醇中浸润 15 s,再用 ddH$_2$O 浸泡 2 min。最后,将加厚滤纸和 PVDF 膜分别放入转移缓冲液中浸泡 30 min。

(2) 凝胶平衡：将电泳后的 SDS-PAGE 胶置于转移缓冲液中平衡 30 min。

(3) 安装转印装置：带上干净的手套,移去安全盖及阴极板;将 1 张处理的加厚滤纸放于阳极板上,用玻璃棒赶走气泡;将处理的膜放在滤纸上,去除气泡;小心地将平衡好的胶块放于膜上,矫正胶使之放于膜中央位置,同样避免气泡出现;放预湿的滤纸于胶块上;小心地将阴极板放回,保持原位,不要碰歪滤纸层;将安全盖盖好。

(4) 转印：连接正负极,接通电源,恒流 0.8~1 mA/cm^2,室温下转移 1 h。拔掉电源,取出夹板,打开并逐一揭去各层,将胶放入氨基黑 10 B 染色液中染色 5~10 min,然后脱色检测转移效果。

3. 结合抗体(杂交反应)

(1) 将上述方法处理过的 PVDF 膜,放进适当大小的封闭袋中,加入适量的脱脂奶,室温封闭 3 h 以上。

(2) 取出 PVDF 膜,放入水平容器,加入足量 TBST,在水平摇床上缓慢摇动漂洗 3 次,每次 10 min。

(3) 将处理过的 PVDF 膜,放进适当大小的封闭袋中,加入适量含 2％脱脂奶的 TBST,并以溶液体积的 1‰加入一抗,使膜完全浸没在溶液中,37℃摇床温育 2 h。

(4) 打开封闭袋,取出膜,放入水平容器,加入足量 TBST,在水平摇床上缓慢摇动漂洗 3 次,每次 10 min。

(5) 将上述方法处理过的 PVDF 膜,放进适当大小的封闭袋中,加入适量含 2％脱脂奶的 TBST,并以溶液体积的 1‰加入二抗,使膜完全浸没在溶液中,37℃摇床温育 2 h。

(6) 打开封闭袋,取出膜,放入水平容器,加入足量 TBST,在水平摇床上缓慢摇动漂洗 3 次,每次 10 min。

4. 显色:二抗若用辣根过氧化物酶标记,则可采用方案一或方案二显色;若用碱性磷酸酶标记,则可采用方案三;若用放射性同位素标记,则可利用同位素使 X 光片曝光来显影。

方案一(DAB 显色):将 PVDF 膜再转入 DAB 显色液中,置暗处反应,待显色反应达到最佳程度时,立即用 ddH_2O 洗涤终止反应,然后拍照。

方案二(底物化学发光 ECL):采用试剂盒,将 A 和 B 两种试剂在保鲜膜上等体积混合;1 min 后,将膜蛋白面朝下与此混合液充分接触;1 min 后,将膜移至另一保鲜膜上,去尽残液,包好,放入 X-光片夹中,然后压上 X 光片,暗盒内曝光,再对曝光底片显影、定影、保存。

方案三:将膜放入水平容器中加入适量 5-溴-4-氯-3-吲哚磷酸和氯化硝基四氮唑兰(BCIP/NBT)显色液(可覆盖膜即可),避光显色 15～30 min,仔细观察反应过程,等到特异性蛋白条带的颜色清晰可见,且背景不深时即取出。用 ddH_2O 冲洗膜至干净,干燥保存。

【注意事项】

1. 操作中戴手套,不要用手触摸。

2. 蛋白电泳一般上样 20～30 μg 足够,若所待检蛋白为低丰度蛋白,可加大上样量至 100 μg,但电泳条带易拖尾。

3. PVDF 膜在甲醇中浸泡时间不要超过 5 s。

4. 如检测<20 kDa 的蛋白应用 0.2 μm 的膜,并可省略转移时的平衡步骤。

5. 滤纸,胶,膜之间不能有气泡,否则导电不好,影响转膜效果。

6. 转印时电压,电流不能过高,否则蛋白易转过膜。

7. 某些抗原和抗体可被 Tween-20 洗脱,此时可用 1.0％ BSA 代替 Tween-20。

8. 关于封闭剂的选择:5％脱脂奶/TBS 或 5％脱脂奶/PBS 能和某些抗原相

互作用,掩盖抗体结合能力;PBS 中含 0.3%～3% 的 BSA 可降低内源性交叉反应。BSA 被推荐用于多克隆抗体结合前的封闭,脱脂奶粉用于单克隆抗体结合前的封闭,这样可得到较好的分辨效果。

9. 如果在 PBS 或 TBS 中用 0.1% Tween 20、0.02% NaN_3 作封闭剂和抗体稀释液,抗体检测后可进行蛋白染色。

10. 如要同时检测大分子量和小分子蛋白,最好用梯度胶分离蛋白。

11. 加入一抗前必须充分封闭,否则背景过深。

12. 二抗温育时间不能超过 2 h,否则背景过深。

13. 在对膜操作过程必须仔细轻柔,避免机械力划伤膜,否则背景不干净。

【思考题】

1. Western Blotting 的原理是什么?

2. 如何获得较好的 Western Blotting 检测结果?

实验 15　Southern 印迹实验

【实验目的】

通过本实验学习和掌握 Southern 转膜、随机引物法标记探针及用地高辛标记显影获得分子杂交结果的方法。

【实验原理】

Southern 杂交是基因工程的经典实验方法之一。其基本原理是将待检测的 DNA 分子选用适宜的限制性内切酶消化后，通过琼脂糖凝胶电泳进行分离，继而将其变性并按其在凝胶中的位置转移到硝酸纤维素薄膜或尼龙膜上，固定后再与地高辛(DIG)标记的 DNA 探针进行反应。在严谨的洗膜条件下，未结合的以及低同源区未牢固结合的探针可被洗去，而与高同源区或完全配对的 DNA 特异性结合的探针仍稳定存在。随后加入的偶联碱性磷酸酶的抗 DIG 抗体可特异地与 DIG－dNTP 上的 DIG 基团结合。该抗体偶联物碱性磷酸酶（AP）以四唑氮蓝（NBT）和 5－溴－4－氯－3－吲哚磷酸盐（BCIP）为底物，经酶反应和放大效应而在膜上相应位置出现可见的蓝颜色，从而显示出待检的片段及其相对大小。本实验所用菌株为大肠杆菌 JM109 基因组 DNA 的 $EcoRI$ 消化产物，探针亦来自大肠杆菌（以看家基因为探针）。

【仪器、材料与试剂】

1. 仪器：电泳仪，水平电泳槽，凝胶成像仪，恒温水浴槽，真空转膜仪，杂交仪，台式冷冻离心机，紫外分光光度计。

2. 材料：DIG 标记试剂盒，包括 Klenow 酶、dNTP－DIG、随机引物、碱性磷酸酶-抗体偶联物、NBT 和 BCIP；$EcoRI$ 限制性内切酶；DNA 聚合酶；尼龙膜。其他生化试剂见试剂配方。

【试剂】

1. 变性液 (500 ml)：0.5 mol/L NaOH (10 g)，1.5 mol/L NaCl (43.83 g)。
2. 中和液 (500 ml)：1.5 mol/L NH_4Ac (57.83 g)，0.02 mol/L NaOH (0.4 g)。
3. 20×SSC (1 000 ml)：3 mol/L NaCl (175.32 g)，0.3 mol/L 柠檬酸钠 (88.26 g)，调至 pH 7.0。

4. 10％ SDS（50 ml）：5 g SDS 加双蒸水至 50 ml。10％ SDS 常温易凝固,用前用热水浴使其完全溶解。

5. 杂交液：5×SSC,50％甲酰胺,0.1％（W/V）十二烷基肌酸钠,0.02％SDS,2％封闭液（以 10％的储存液稀释,见下 10×封闭液）。

6. 预杂交液：即杂交液中加入 100 μg/ml 鲑鱼精变性 DNA（使用前加入变性的鲑鱼精 DNA）。

7. 洗膜Ⅰ液：2×SSC,0.1％SDS。

8. 洗膜Ⅱ液：0.1×SSC,0.1％SDS。

9. 缓冲液Ⅰ（500 ml）：0.1 mol/L 顺丁烯二酸（5.8 g）,0.15 mol/L NaCl（4.38 g）,以 1 mol/L NaOH 调至 pH 7.5。

10. 10×封闭液：试剂盒中固体封闭剂溶于缓冲液Ⅰ中,终浓度为 10％（W/V）。

11. 缓冲液Ⅱ：以缓冲液Ⅰ 10 倍稀释 10×封闭液,即封闭剂终浓度为 1％,4℃保存。

12. 缓冲液Ⅲ（500 ml）：0.1 mol/L Tris（6.05 g）,0.1 mol/L NaCl（2.92 g）,0.05 mol/L $6H_2O \cdot MgCl_2$（5.08 g）,调至 pH 9.5。

13. 显色液：50 mg/ml BCIP（X－P）,75 mg/ml NBT 溶于二甲基甲酰胺中（试剂盒提供）。

【实验步骤】

1. 大肠杆菌基因组 DNA 的提取方法见实验 1。

2. 基因组 DNA 的限制性酶切：取 5 μg 基因组 DNA 加入 500 μl 离心管中,同时加入 10 μl EcoRI 限制性内切酶,5 μl 10×缓冲液,最后加 ddH_2O 至 50 μl,于 37℃酶切 1～3 h。

3. 酶切后 DNA 的琼脂糖凝胶电泳见实验 6：酶切后,需取 5 μl 检测酶切效果。如效果不好,可延长酶切反应时间（不超过 6 h）或加大酶的使用量。琼脂糖浓度一般取 0.8％。

4. DNA 转膜

（1）酶切产物电泳后,琼脂糖凝胶的处理步骤。

1）电泳完的琼脂糖凝胶切取多余部分,并切一角做标记,置一大小合适的玻璃盘中。

2）加入变性液,使之刚浸没过凝胶,置脱色摇床缓慢摇动 45 min；（琼脂糖凝胶中双链 DNA 在强碱条件下变性变为单链,尼龙膜吸附单链 DNA）。

3）吸净盘内变性液,加入蒸馏水洗胶两次,吸去蒸馏水。

4）加入中和液,使之刚浸没过凝胶,置脱色摇床上缓慢摇动 30 min（中和目的是使 pH 降为 9.0 左右,这是因为在强碱环境下尼龙膜对单链 DNA 的吸附能力很差）。

（2）在凝胶中和的过程中，可进行尼龙膜的准备工作。

1）将尼龙膜按凝胶大小剪好，并同样剪一个角作标记，浸入 $10 \times$ SSC 中，使浸透均匀。

2）剪一张滤纸，其宽度大于凝胶宽度 2 cm。用 $10 \times$ SSC 浸透，平铺于 Southern 真空转膜仪中的胶支持物上。

3）将浸好的尼龙膜平放于滤纸上，再将凝胶自中和液中轻轻取出，平贴于尼龙膜上（两角对齐，用玻棒将膜与胶之间的气泡赶尽）。

4）在凝胶上放一张用 $10 \times$ SSC 浸透的滤纸，用玻璃棒滚压赶气泡。

5）盖上两层塑料膜，密封。

6）接上电源，在 5 kPa 真空下转膜 1 h。

7）转膜结束后，将尼龙膜取出，置室温晾干后，放在两层玻璃板之间，置 120℃ 干烤 30 min，以将 DNA 固定在尼龙膜上。

5. 探针的制备：设计引物，通过 PCR 反应获得来自大肠杆菌的某一看家基因片段并进行纯化，PCR 反应见实验三，纯化过程见实验六。

（1）探针标记的操作步骤

1）待标记 1 μg 16S rDNA 片段置于微量离心管中，于沸水中热变性 10 min，取出后，迅速置于冰水中。

2）将一灭菌的微量离心管置于冰上，按表 15-1 顺序加入试剂。

3）37℃ 水浴反应 20 h 后，加入 2 μl 0.1 mol/L EDTA 终止反应。

4）沉淀标记 DNA：加入 2μl 4 mol/L LiCl 和 65 μl 的乙醇，混匀，置于 -70℃ 30 min。

5）于 4℃ 13 000 r/min 离心 15 min，弃去乙醇，用 100 μl 70% 乙醇洗涤 DNA 沉淀，13 000 r/min 于 4℃ 离心 5 min，弃去乙醇。

6）室温晾干 DNA 沉淀后，用 50 μl TE 溶解，-20℃ 储存备用。

表 15-1　标　记　反　应

标　记　反　应　物	反　应　数　量
变性看家基因	1 μg
随机引物（$10 \times$）	2 μl
dTTP-DIG（$10 \times$）	2 μl
dNTP、dCTP 和 dGTP 混合物	2 μl
双蒸水	至 19 μl
Klenow 酶	1 μl
总体积	20 μl

（2）探针质量的检测步骤

1）取 2 μl 标记探针，梯度稀释（分别含探针 1 μl，0.5 μl，0.1 μl，0.05 μl，

0.01 μl)点在尼龙膜上。

2）120℃干烤 30 min 后，置于相应大小的盘中（培养皿），在盘中加入 10 ml 缓冲液 I，室温摇动 2 min。

3）吸掉缓冲液 I，加入缓冲液 II，继续在室温下摇动 30 min。

4）吸掉缓冲液 II，加入抗体溶液 5 ml（2 μl 酶标抗体加入 5 ml 封闭液中），在 37℃孵育 30 min。

5）吸掉抗体溶液，用 10 ml 清洗液（30 μl Tween - 20 加到 10 ml 缓冲液 I 中）洗涤，每次 15 min，共洗 2 次。

6）吸掉清洗液，加 10 ml 缓冲液 III 平衡 5 min。

7）将尼龙膜放入塑料膜制作的袋内，加入 2 ml 新鲜配置的显色液（40 μl 显色液至 5 ml 缓冲液 III 中），暗中反应至出现斑点。

此步骤检验制备的探针是否能满足步骤 6，要求探针量为 5～25 μg/ml（如稀释 200 倍可以显色，则满足要求）。

6. 地高辛标记探针的杂交与显色

（1）探针杂交操作步骤

1）在 10 ml 离心管中，加入 8 ml 预杂交液。将 Southern 转膜处理好的尼龙膜放入管中（有 DNA 的膜面背向管壁）。

2）把杂交管置于杂交仪中预杂交 2 h，预杂交温度为 42℃（预杂交液需预热至 42℃）。

3）取 0.5 ml 预杂交液（按 2.5 ml/100 cm² 膜的计算量）于 1.5 ml 微量离心管中，加入探针 5 μl（按探针量为 5～25 μg/ml 计），混匀，于 100℃水浴中煮 10 min 变性，然后迅速将管置于冰水中。

4）将管中尼龙膜取出，置于塑料管中，再加入杂交液，置 42℃杂交仪中约 12 h。

5）杂交完后，回收管内杂交液至微量离心管中，置于－20℃冻存。

6）将杂交膜取出置于玻璃盘中，室温下用洗膜 I 液 15 ml 洗膜 2 次，每次 5 min，期间轻摇玻璃盘数次。

7）倒净洗膜 I 液，加洗膜 II 液 15 ml，于 68℃可摇水浴锅中洗 2 次，每次 15 min。

8）洗膜完毕可继续进行下面的显色过程。

（2）免疫检测（显色）操作步骤

1）杂交膜在缓冲液 I 中洗 1 min。

2）按 100 ml/100 cm² 膜的量加缓冲液 II 15 ml，室温下缓慢摇动孵育 60 min（缓冲液 III 中含有牛奶提取物，作用是封闭膜上无 DNA 结合的区域，避免后面加的抗体与膜上探针以外的非特异结合而引起背景显色）。

3）按 0.2 ml/cm^2 膜的比例用 0.5 ml 缓冲液 II 稀释抗 DIG 抗体偶联物 1 μl。

4）倒掉袋中缓冲液 II，加入稀释好的抗体，室温孵育 30 min。

5）倒掉抗体液，将膜取出，放入玻璃盘，加缓冲液 I　15 ml 洗膜，室温下洗 2 次，每次 15 min。

6）倒掉缓冲液 I，加 5 ml 缓冲液 III 于盘内，浸膜 2 min（该步骤目的是将杂交膜的 pH 调整为 9.5，因为抗 DIG 抗体上偶联有碱性磷酸酶，在后面的显色反应中碱性磷酸酶作用的环境为碱性）。

7）将 40 μl 显色液至 2 ml 缓冲液 III 中加入装有膜的塑料袋中，封闭袋口，放暗中显色，至条带显色明显为止。

8）显色满意后，取出杂交膜用蒸馏水漂洗两遍以终止显色。

【注意事项】

1. 转膜必须充分，要保证 DNA 全部转到膜上。

2. 杂交条件及漂洗是保证阳性结果和背景反差对比好的关键。洗膜不充分会导致背景太深，洗膜过度又可能导致假阴性。

3. 将凝胶中和至中性时，要测 pH，防止凝胶的碱性破坏硝酸纤维膜。

4. 要注意赶走凝胶和滤纸及硝酸纤维素膜之间的气泡。

【思考题】

1. 探针杂交过程中，为什么需要预杂交？

2. 影响杂交稳定性因素有哪些？

实验 16　全长 cDNA 文库的构建

【实验目的】

通过本实验学习和掌握采用 SMART 方法构建全长 cDNA 文库的原理和方法。

【实验原理】

所谓 cDNA 文库是指某生物某发育时期所转录的全部 mRNA 经反转录形成的 cDNA 片段与某种载体连接而形成的克隆的集合。20 世纪 70 年代初首例 cDNA 克隆问世以来,已用构建和筛选 cDNA 文库的方法克隆了很多基因。通过构建 cDNA 文库能直接分离到生命活动过程中的一些调控基因及了解这些基因所编码的蛋白质的相互作用关系。因此,cDNA 文库的构建是基因克隆的重要方法之一,从 cDNA 文库中可以筛选到所需的目的基因,并可直接用于目的基因的表达。它是发现新基因和研究基因功能的工具。

cDNA 文库构建的方法主要有置换合成法、引物合成法及引物-接头法,这类方法构建的文库中全长的 cDNA 克隆的比例比较低,而全长 cDNA 在基因克隆和基因功能定性研究中有很重要的作用,因此提高 cDNA 文库中全长 cDNA 的比例即构建全长 cDNA 文库就显得非常重要。

全长 cDNA 文库,是指从生物体内一套完整的 mRNA 分子经反转录而得到的 DNA 分子群体,是 mRNA 分子群的一个完整的拷贝。全长 cDNA 文库不仅能提供完整的 mRNA 信息,而且可以通过基因序列比对得到 mRNA 剪接信息;此外,还可以对蛋白质序列进行预测及进行体外表达和通过反向遗传学研究基因的功能等。评价一个全长 cDNA 文库的质量主要有两个指标:① 全长 cDNA 的比率和 cDNA 插入片段的长度;② 文库克隆的数目。

cDNA 文库应包含的克隆数目可由以下公式来计算:

$$N = \ln(1-p)/\ln(1-1/n)$$

式中:N:cDNA 文库所包含的克隆数目;P:低丰度 cDNA 存在于库中的概率,通常要求其大于 99%;1/n:每一种低丰度 mRNA 占总 mRNA 的分数。

文库克隆的数目取决于双链 cDNA 和载体连接克隆的效率。常规的建库需要在合成的 cDNA 双链两端通过连接加上相同或者不同的接头(Adaptor),

在加接头前需对 cDNA 进行甲基化修饰以免被消化,再用相应的酶切后插入载体中。由于连接效率低往往导致低丰度或者是较长的 cDNA 信息的丢失,使文库偏重高丰度和较短的基因,失去应有的代表性。构建 cDNA 文库一般所用载体为表达载体,可以直接表达插入的外源片段,这就要求外源片段采用定向方式插入。而用两个不同的 Adaptor 又会涉及双酶切及其双酶切是否完全的问题,影响产率;另外由于表达时三联体密码子代表一个氨基酸,不同的表达框架会得到不同的产物,因此正向插入一个表达载体的 cDNA 只有 1/3 的可能得到正确的产物。虽然一度有 ABC 表达载体的解决方法,但是一段 DNA 同时插入 3 个载体的机会是有限的。而采用 SMART 方法构建的 cDNA 文库克服了以上缺陷。

SMART 方法构建全长 cDNA 文库的原理是利用真核生物 mRNA 5′端的甲基化 G(m7G)、5′-5′三磷酸键连接的特殊的帽子结构和 3′端的 PolyA 尾的特点设计锚定引物,分别合成第一条链和第二条链。首先加入合成第一条链的引物 Oligo(dT)(又称为 CDS III/3′引物,dT 长 17~19b,其 5′端修饰 Sfi IB 限制性内切酶识别的序列:GGCCATTACGGCC),在逆转录酶的作用下,以 mRNA 为模版进行扩增;当到达 mRNA 的 5′末端时碰到真核 mRNA 特有的“帽子结构”——甲基化的 G 时,利用逆转录酶内源的末端转移酶活性,会连续在合成的第一条 cDNA 链末端加上几个(dC)。然后以在合成 cDNA 的反应中事先加入的、在 5′端修饰 Sfi IA 限制性内切酶识别的位点 (GGCCGAGGCGGCC)的 3′末端带 Oligo (dG)的序列为引物(又称 SMART IV™ 寡聚核苷酸引物),与合成的第一条 cDNA 末端突出的几个 C 配对后形成 cDNA 的延伸模板,逆转录酶会自动转换模板合成第二条链。带有 Sfi I 酶识别的核苷酸序列(在真核生物基因组中极为稀少的序列,SfiI 酶识别序列为 GGCCNNNNNGGCC,中间的 5 个碱基为任意序列,因而两个引物可以分别带有一个不完全相同的 SfiI 位点)即为 SMART 引物,利用这对 SMART 引物作为通用引物,进行 cDNA 的高保真扩增(Long Distance PCR,LD PCR),Sfi I 酶酶切消化和柱回收 cDNA,从而实现富集全长 cDNA 的目的。图 16-1 为 SMART 方法原理图。

为了保证 cDNA 第一条链合成的产量和长度,SMART cDNA 构建试剂盒合成 cDNA 第一条链采用的是无 RNaseH 活性(RNaseH⁻)的逆转录酶:PowerScript™ Reverse Transcriptase。常规的逆转录酶,如禽类成髓细胞病毒(AMV)逆转录酶和鼠白血病病毒(MLV)反转录酶在本身的聚合酶活性之外,都具有内源 RNaseH 活性。RNaseH 活性同聚合酶活性相互竞争 RNA 模板或 cDNA 延伸链间形成的杂合链,并降解 RNA;被 RNaseH 活性所降解的 RNA 模板不能再作为合成 cDNA 的有效底物,从而降低了 cDNA 合成的产量和长度。

本实验研究材料为当地水稻,构建其全长 cDNA 文库。

Smart 方法的原理

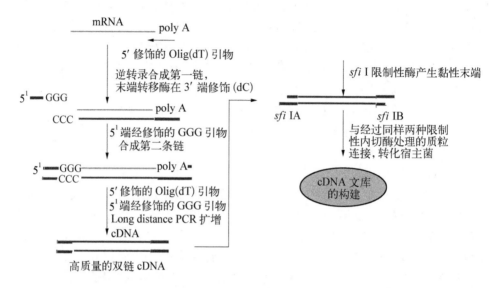

图 16 - 1　SMART 方法构建全长 cDNA 文库原理图

注:其中 Sfi IA 限制性内切酶识别的序列设计为:GGCCGCCTCGGCC;Sfi IB 限制性内切酶识别的序列设计为:GGCCATTACGGCCA,Olig(dT)引物的 5′端修饰的是 Sfi IB 识别序列,GGG 引物 5′端修饰的 Sfi IA 识别序列

【仪器、材料】

1. 仪器:电泳仪,水平电泳槽,凝胶成像仪,恒温水浴槽,台式冷冻离心机,PCR 仪,微量移液器,灭菌锅。

2. 材料:质粒载体 pcDNA3,大肠杆菌($Escherichia\ coli$)DH5α,SMART™ cDNA 文库构建试剂盒(包括了 CHROMASPIN - 400 纯化柱),焦磷酸二乙酯(diethylpyrocarbonate,DEPC),Sfi I 内切酶,LD Taq DNA Polymerase,T_4 DNA 连接酶,1 kb DNA Marker,dNTP,蛋白酶 K,糖原,牛血清白蛋白(BSA),二甲苯晴蓝,氨苄青霉素钠盐,琼脂糖,其它试剂均为国产分析纯试剂。

【试剂】

1. 提取总 RNA 的试剂见实验 2。

2. 大肠杆菌感受态细胞制备试剂见实验 8。

3. 5 × 第一条链合成缓冲液: 250 mmol/L Tris,30 mmol/L MgCl$_2$,375 mmol/L KCl,pH 8.3(试剂盒提供)。

4. CDS Ⅲ/3′PCR 引物（10 mmol）：5′- ATTCTAGA GGCCATTACGGCC GACATG - d(T) - 3′（试剂盒提供）。

5. SMART Ⅳ™寡聚核苷酸引物（10 mmol）：5′- AAGCAGTGGTATC AACGCAGAGTGGCCGAGGCGGCCGGG - 3′（试剂盒提供）。

6. 50× Advantage cDNA 聚合酶混合物（试剂盒提供）。

7. 10× Advantage 2 PCR 缓冲液：400 mmol/L Tricine - KOH（pH 9.2，25℃），150 mmol/L KOAc，35 mmol/L Mg(OAc)$_2$，37.5 g/ml BSA（试剂盒提供）。

8. 5′通用 PCR 引物（10 mmol/L）：5′- AAGCAGTGGTATCAACGCA GAGT - 3′（试剂盒提供）。

9. 3 mol/L NaAc 溶液（100 ml）：40.81 g 的 NaAc·3H$_2$O，用冰醋酸调至 pH 至 4.8。

10. 100×BSA 溶液：10 g BSA 溶解于 10 ml 双蒸水中。

【实验步骤】

1. 水稻总 RNA 的提取方法详见实验 2

2. cDNA 第一条链的合成

（1）在 0.2 ml 离心管中依次加入下列组分，配制 5 L 的反应体系。

总 RNA（1.0 μg total RNA）	1 μl
SMART Ⅳ™寡聚核苷酸引物	1 μl
CDS Ⅲ/3′PCR 引物	1 μl

以 RNase free H$_2$O 补至 5 μl，混匀后，短暂离心。

（2）72℃，温育 2 min；迅速冰浴 2 min；短暂离心，使混合物集于管底。

（3）再在离心管中依次加入下列试剂（表 16 - 2），最后总体积为 10 μl。

5×第一链合成缓冲液	2 μl
DTT（20 mM）	1 μl
dNTP Mix（10 mM）	1 μl
PowerScript™逆转录酶	1 μl

轻弹管壁，混匀后短暂离心。

（4）42℃，温育 1 h。

（5）冰浴终止反应。cDNA 第一条链反应混合物可在 -20℃ 保存 3 个月以上。

3. LD PCR 扩增 cDNA 第二条链

（1）PCR 预预热到 95℃。

（2）在 100 μl 的反应体系中加入下列组分：

cDNA 第一条链反应混合物	2 μl
去离子水	80 μl

10× Advantage 2 PCR 缓冲液	10 μl
dNTP Mix	2 μl
5′通用 PCR 引物	2 μl
CDS III/3′PCR 引物	2 μl
50× Advantage cDNA 聚合酶混合物	2 μl

轻弹管壁,充分混匀,短暂离心,使混合物收集于管底,放入预热至 95℃ 的 PCR 仪中。

(3) 运行如下 PCR 反应程序:

步骤 1:95℃　　　　1 min

X 个扩增循环(步骤 2～3):

步骤 2:95℃　　　　15 s

步骤 3:68℃　　　　6 min

PCR 循环次数与起始 RNA 量的关系见表 16-1。

本实验循环次数为 20 次。

表 16-1　PCR 循环次数与起始 RNA 量的关系

总 RNA/μg	mRNA/μg	循 环 次 数
1.0～2.0	0.5～1.0	18～20
0.5～1.0	0.25～0.5	20～22
0.25～0.5	0.125～0.25	22～24
0.05～0.25	0.025～0.125	24～26

(4) PCR 完成以后,取 5 μl PCR 产物,0.1 μg 1 kb DNA marker,1.1% 琼脂糖凝胶电泳检测分析。典型的 ds cDNA 一般集中分布在 0.1～4 kb 范围内,丰富 mRNA 处应有亮带,如下图。

4. 蛋白酶 K 消化

(1) 取 50 μl 上一步的 PCR 产物(2～3 μg ds cDNA)到 0.5 ml 离心管中,加入 2 μl 蛋白酶 K (20 μg/μl),用于灭活 DNA 聚合酶。剩余的 PCR 产物在 -20℃ 可保存 3 个月。

(2) 混匀,短暂离心;45℃温育 20 min。

(3) 加入 50 μl 去离子水。

(4) 加入 100 μl 酚:氯仿:异戊醇(24:24:1),颠倒混匀后静置 2 min。

(5) 4℃,14 000 r/min,离心 5 min。

(6) 小心吸取上层水相至另一支 0.5 ml 离心管中。加入氯仿:异戊醇 (24:1)100 μl,混匀并持续颠倒萃取 1～2 min,静置 2 min。

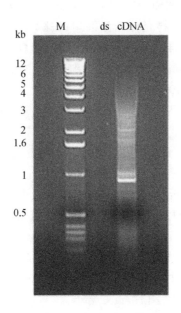

图 16 - 2　PCR 产物的琼脂糖凝胶电泳检测分析

（7）4℃,14 000 r/min,离心 5 min;吸取上清液到干净的 0.5 ml 离心管中,加入10 μl 3 mol/L NaAc,1.3 μl 糖原(20 μg/μl)及 260 μl 的 95％乙醇,混匀,室温放置 5 min。

（8）于室温下,14 000 r/min,离心 20 min(注意：不要冰浴或放于－20℃,否则不纯物质会共沉淀)。

（9）小心吸去上清液,加入 100 μl 70％乙醇,洗涤沉淀。

（10）室温干燥沉淀约 10 min,去除残留乙醇。加入 79 μl 去离子水充分溶解沉淀。

5. Sfi I 酶切消化

（1）取一支干净的 0.5 ml 离心管,加入下列组分至总体积为 100 μl:

cDNA	79 μl
10×Sfi I 酶切缓冲液	10 μl
Sfi I 酶	10 μl
100×BSA	1 μl

（2）充分混匀,短暂离心。50℃,温浴 2 h(在温浴的同时准备步骤 5)。

（3）加入 2 μl 1％的二甲苯晴蓝,混匀,短暂离心。

6. 用 CHROMASPIN - 400 柱收集不同大小的 ds cDNA 片段

（1）16 支 0.5 ml 离心管,标上号码,按顺序放置。

（2）按下列步骤准备 CHROMASPIN-400 柱子：从冰箱里取出柱子，室温放置 1 h。颠倒柱子数次，使填料充分悬浮混匀；去除柱中的气泡，用枪轻轻混匀填料，避免产生气泡。竖直悬挂柱子固定；移去下盖，让柱子内的液体自然流出；柱液流干后可看到填料颗粒应到达柱子 1.0 ml 刻度处，否则用备用柱子的填料补足；用平衡缓冲液调整流速为 40～60 s/滴，40 μl/滴。

（3）当柱中缓冲液流完后，再沿柱内壁小心加入 700 μl 柱缓冲液，让其自然流干（15～20 min）。

（4）小心均匀地往柱料表面中心位置加入步骤 5 的 100 μl 经染色的 Sfi I 酶酶切消化的 cDNA 样品（填料表面不平整影响不大）。

（5）让样品充分吸收，至填料上面不能有液滴为止。

（6）取 100 μl 洗脱缓冲液小心上柱，让其自然流出，至无液体残留于柱料上为止。此时染料已进入柱料几毫米。

（7）在柱子底部用已编号的 16 支离心管准备收集流出液。

（8）取 600 μl 洗脱缓冲液小心上柱，立即用 1～16 号管收集流出液（每管 1 滴，每滴约 40 μl）当收集完 16 滴后，盖好盖子。

（9）每支管中取出 3～5 μl 进行电泳检测：配置 1% 琼脂糖胶（胶中加吖啶橙）；以 0.1 g 1-kb DNA Marker 作标准；150 V，电泳 10 min（时间不能太长，否则很难看清 cDNA）；收集最早出现可见 cDNA 条带的前三管或前四管（滴）。图中显示，第 5 管出现条带，因此合并 5、6、7 和 8 共 4 管滤液于 0.5 ml 的离心管中。

（10）4 管 cDNA 合并体积约 105 μl，加入 0.1 倍体积的 3 mol/L NaAC（pH 4.8），1.3 μl 糖原和 2.5 倍体积的经−20℃预冷的 95% 乙醇，轻柔颠倒混匀后于−20℃冰箱放置 1 h（放置过夜可提高回收率）。

（11）25℃，14 000 r/min，离心 20 min，收集沉淀 cDNA。

（12）200 μl 70% 乙醇轻缓洗涤沉淀一次，小心吸去上清液。

（13）室温干燥约 10 min，去除残留乙醇。

（14）取 7 μl 去离子水溶解沉淀，直接与载体连接，或−20℃贮存备用。

7. 质粒载体 pcDNA3.0-Sfi 的制备

（1）提取 pcDNA3 质粒，提取方法详见实验 4。

（2）限制性内切酶 EcoRI 和 NotI 充分酶切后，琼脂糖凝胶电泳，回收质粒载体 DNA，回收方法详见实验 6。

（3）对载体 PCDNA3 的多克隆位点作适当改造，引入 Sfi I 酶切位点。具体方法是：以 λTriplEx2（试剂盒提供）为模板，用 SMART cDNA 构建试剂盒中的测序引物进行 PCR 扩增，回收 PCR 产物，用 EcoRI 和 NotI 酶切，然后用 T$_4$ DNA 连接酶与经 EcoRI 和 Not I 酶切的 pcDNA3.0 载体 DNA 连接，构建成 pcDNA3.0-

Sfi I 质粒,转化大肠杆菌 DH5α,筛选重组菌。

(4) 提取质粒 pcDNA3.0 - Sfi I,用限制性内切酶 Sfi I 酶切后,回收载体 pcDNA3.0 - Sfi,以 100 µg/L 的浓度保存-20℃备用。质粒的提取、酶切和回收 详见实验 4、5、6。

8. 连接反应

依次加入下列试剂(表 16 - 2)建立 3 个连接反应体系,最后总体积为 5 µl。充 分混匀,16℃,连接过夜或 16 h。

表 16 - 2 连接反应试剂

试　　剂	连接反应 1/µl	连接反应 2/µl	连接反应 3/µl
质粒载体 pcDNA3.0 - Sfi 100 µg/µl	1	1	1
cDNA	0.5	1	1.5
T_4 DNA 连接酶	0.5	0.5	0.5
10 T_4 DNA 连接缓冲液	0.5	0.5	0.5
ATP	0.5	0.5	0.5
去离子水	2	1.5	1

9. 文库的转化

(1) 分别取 1 µl 连接反应产物进行转化;感受态细胞的制备和重组子的转化 详见实验八、九。

(2) 比较 3 个连接反应产物的转化结果,得出 cDNA 量和转化克隆数比例最 好的连接反应体系,按此体系将余下的 cDNA 进行连接转化。

10. 文库克隆的 PCR 检测

(1) 随机挑选 20 多个克隆,利用 pcDNA3.0 上的 T7 和 SP6 引物(T7: 5′-TAATACGACTCACTA TAGGGA - 3′;SP6:5′- ATTTAGGTGACACT ATAGGAA - 3′)进行菌落 PCR 扩增插入的 cDNA 片段,菌落 PCR 方法详见实 验 10。

每个 20 µl 的 PCR 体系中加入下列组分:

T7 Primer(100 µmol/L)　　　　　　　　　　0.1 µl

SP6 Primer(100 µmol/L)　　　　　　　　　 0.1 µl

dNTP Mix(10 mmol/L)　　　　　　　　　　0.5 µl

10×PCR 缓冲液(Mg^{2+} Plus)　　　　　　　2.0 µl

Taq DNA Polymerase(5U/µl)　　　　　　　0.5 µl

ddH$_2$O　　　　　　　　　　　　　　　　　19 µl

高温破碎菌液　　　　　　　　　　　　　　1.0 µl

(2) 置于 PCR 仪中,PCR 反应条件为(表 16 - 3):

表 16 - 3　PCR 反应条件

94℃ 预变性	3 min
94℃ 变性	30 sec
56℃ 退火	1 min ⎫ 30 个循环
72℃ 延伸	2 min ⎭
72℃ 延伸	10 min
4℃ 保温	

（3）各取 5 μl PCR 产物，用 1% 琼脂糖凝胶进行电泳检测。从图 16 - 4 可见文库插入片段从 500～2 000 bp 分布不等，大小基本集中在 700 bp 左右，无假阳性克隆。

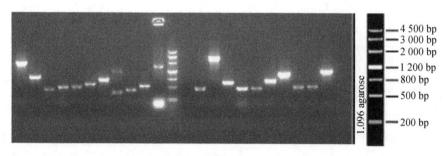

图 16 - 4　菌落 PCR 随机检测构建的 cDNA 文库中 DNA 的分布

【注意事项】

1. RNA 的质量是 cDNA 文库成功构建的决定因素。可通过以下方法来分析 RNA 的质量：① 琼脂糖变性电泳，高质量的哺乳动物总 RNA 应在约 4.5 kb 和 1.9 kb 处有两条亮带（28 S 和 18 S 核糖体 RNA），它们之间的亮度比应为（1.5～2.5）：1。mRNA 应分布在 0.5～12 kb；② 将 RNA 样品置于 37℃ 温浴 2 h，再跑电泳应该没有明显的降解现象。只有符合上述要求的 RNA 才可以进行 cDNA 文库构建，否则就需要重新提取 RNA。

2. LD - PCR 后，如果 dscDNA 产量很低或者分布范围小于 mRNA 的分布（对于哺乳动物＜4.0 kb），表明扩增循环数不够，可适当增加 2～3 个循环；但如果已经超过推荐最大循环数 3 个循环仍然没有明显的改变，则建议用新的 2 μl 第一条链产物重新扩增，否则考虑是否第一条链合成出现问题。

3. 一般来对于大多数哺乳动物来说，第二条链 cDNA 电泳时应该出现多条明显的亮带，如果荧光信号很强但没有明显亮带，表明扩增循环数过多，应该用新的 2 μl 第一条链产物重新扩增并适当减少 2～3 个循环。

4. 本实验使用质粒载体而不是试剂盒提供的噬菌体载体 λTriplEX2。因为质粒载体在操作上较为方便简单，而且由于使用的是表达载体 pcDNA3.0，得到的将是直接可用于功能筛选的表达文库。但质粒文库在保存和扩增的过程中容易丢失，因此应该避免多次扩增并且尽可能在短时间 1～2 个月内将所有单克隆独立保存或完成筛选。

【思考题】

1. cDNA CHROMASPIN - 400 柱层析分布收集的琼脂糖凝胶电泳结果分析。

2. 怎样计算 cDNA 文库的克隆数目（克隆数/μg cDNA）？

3. SMART™ cDNA 文库构建技术有哪些特色？

实验 17　凝胶阻滞实验

【实验目的】

通过本实验学习凝胶阻滞原理,了解其操作方法及其应用。

【实验原理】

凝胶阻滞试验又叫 DNA 迁移率变动试验(DNA mobility shift assay),是一种体外研究 DNA 与蛋白质相互作用的特殊的凝胶电泳技术。基本原理为:在凝胶电泳中,由于电场的作用,小分子 DNA 片段比其结合了蛋白质的 DNA 片段向阳极移动的速度快。若实验中 DNA 与特异性蛋白质结合,其向阳极移动的速度受到阻滞,说明该 DAN 分子与相应的蛋白质发生了相互作用。

早期常用放射性同位素^{32}P 标记 DNA 分子,然后与蛋白质在模拟体内的缓冲液中温育,形成 DNA -蛋白质复合物,将该复合物加到非变性聚丙烯凝胶中进行电泳。电泳结束后,用放射自显影技术显现放射性标记的 DNA 条带的位置。如果 DNA 与蛋白质有相互作用,一般在不同位置显示两条条带(可能 DNA 不会全部被蛋白质作用,尤其是蛋白质量不足时),靠近样品槽的是 DNA -蛋白质复合物,远离的为裸露的 DNA 分子。

由于放射性同位素对实验工作者的伤害极大,因此这种标记已被其他方式取代,本实验即采用生物素(Biotin)标记 DNA 分子。由生物公司合成在 5′端标记生物素的引物,通过 PCR 手段获得标记生物素的双链 DNA 片段,将其与蛋白质孵育,然后对孵育物进行琼脂糖凝胶电泳;电泳结束后,对凝胶进行真空转膜,再用脱脂牛乳封膜;封膜后,加入辣根酶(HRP)标记的链霉亲和素与膜一起温育;最后加入 HRP 底物显色即可判断 DNA 是否与相应的蛋白质产生了结合反应。通过此实验,可以比较同一种调控蛋白与不同启动子或操作子的结合强度。同时,可以通过设计一系列引入一个或多个碱基突变的生物素标记的启动子或操作子序列,运用 EMSA 技术判断这些突变对其结合相应蛋白质能力的影响,从而确定该 DNA 序列中与蛋白质发生相互作用的核心碱基。

此外,EMSA 实验通过非标记 DAN 浓度驱动性的竞争判断反应的特异性,即在 DNA -蛋白质复合物中加入超量的非标记竞争的同种 DNA 分子,由于竞争 DNA 的量远远大于标记的 DNA,导致绝大部分蛋白质与竞争 DNA 结合,使大部分标记 DNA 处于游离状态,则膜上 DNA -蛋白质复合物的位置不显色。

【仪器、材料】

1. 仪器：PCR 仪，真空转膜仪，电泳仪，凝胶成像仪，水平电泳槽，微量取样器，冷冻离心机。

2. 材料：生物素标记的引物，HRP –链霉亲和素，2，2′–二氨基偶氮苯（DAB），Taq 聚合酶，dNTP，琼脂糖，PVDF 膜。其他生化试剂见试剂配方。

【试剂】

1. 10×SSC（1 000 ml）：1.5 mol/L NaCl（88 g），0.15 mol/L 柠檬酸钠（44 g），调至 pH 7.0。

2. 结合缓冲液（100 ml）：10 mmol/L Tris-HCl，pH 7.4，5 mmol/L $MgCl_2$，250 mmol/L KCl，2.5 mmol/L $CaCl_2$，2.5％甘油。

3. 5×TBE 电泳缓冲液（1 000 ml）：称取 Tris 54 g，硼酸 27.5 g，并加入 0.5 mol/L EDTA（pH 8.0）20 ml。

4. 6×电泳载样缓冲液：0.25％溴粉蓝，40％(W/V)蔗糖水溶液，贮存于 4℃。

5. 0.01 mol/L 磷酸缓冲液（PBS，1 000 ml）：8 g NaCl，KH_2PO_4 0.27 g，无水 Na_2HPO_4 1.14 g，KCl 0.2 g，调至 pH 7.4。

5％的脱脂牛乳（100 ml）：称取 5 g 脱脂牛乳，加蒸馏水至 100 ml。

【实验步骤】

1. 大肠杆菌基因组 DNA 的提取方法见实验 1

2. PCR 扩增目地 DNA 片段：设计引物，送生物工程公司合成在 5′端修饰生物素的引物（一对引物中只修饰其中一条，可以节约成本）。根据引物退火温度设计 PCR 反应程序，具体见实验 3。

3. 标记 DNA 与调控蛋白质的结合反应

（1）纯化标记的 DNA，纯化方法见实验 6。

（2）调控蛋白质的表达及其纯化方法见实验 12。

（3）标记 DNA 与调控蛋白质的结合反应体系见表 17 – 1。将表中反应体系混匀后 37℃孵育 30 min。

表 17 – 1　DNA 与相应蛋白质的结合浓度及反应体系

管　号	1	2	3	4	5	6	7
Biotin – DNA(ng)	50	100	100	100	100	100	50
蛋白质(μl)	0	0	2	4	6	8	3
结合缓冲液(μl)	19	18	16	14	12	10	11
非标记 DNA(ng)	0	0	0	0	0	0	1 000

4. DNA 的琼脂糖凝胶电泳：1%琼脂糖凝胶检测（紫外显色剂吖啶橙加在胶中）；将表 17-1 各管中反应物全部上样，85 V、80 mA 电泳 30～35 min。电泳结束后于凝胶成像仪拍照，保存图片作为对照。并将琼脂糖凝胶小心取下用于转膜。

5. DNA 转膜及杂交显色

（1）剪一块比胶略大的 PVDF 膜，甲醇浸泡活化 1 min，PBS 洗 2 次，浸入 10×SSC 平衡 30 s。

（2）取 3 张滤纸，用 10×SSC 浸透，放到真空转膜仪上，再将 PVDF 膜放到滤纸上，最后将琼脂糖凝胶放到膜上。用一张剪有一个较琼脂糖凝胶略小的塑料薄膜封闭胶的四周。最后压上真空转膜仪的凹槽，用 10×SSC 灌满整个凹槽，直至浸没整块琼脂糖凝胶。

（3）调节真空阀至 5 mm Hg 柱，负压转膜 90 min。

（4）转膜结束后，用 5%的脱脂乳封闭 1 h，封闭结束后用 PBS 洗 4 次。

（5）将辣根过氧化物酶标记的链霉亲和素用 PBS 稀释 1 000 倍，把 PVDF 膜浸入其中反应 1 h；反应结束后用 PBS 洗 4～6 次。

（6）DAB 显色：称取 9 mg DAB，用 15 ml PBS 溶解，加入 15 μl H_2O_2，混匀后把 PVDF 膜浸入其中 37℃避光显色至条带清晰（图 17-1）。

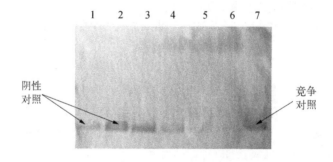

图 17-1　EMSA 实验结果

注：1,2 泳道为阴性对照；2～6 泳道为蛋白质与 DNA 的结合反应，随着蛋白质浓度的递增，DNA 的条带逐渐消失；7 泳道为标记生物素的 DNA 与为标记 DNA 的竞争反应结果

【注意事项】

1. EMSA 实验要设置阴性对照及非标记 DNA 浓度驱动性竞争反应，以表明反应的特异性。

2. 避免加热到 40℃以上，温度过高会导致双链 DNA 探针解聚成单链。而调控蛋白的 DNA 结合域（DNA Binding Domain）要深入到 DNA 双链的大沟中，即结合的是 DNA 双链，单链 DNA 无法用于 EMSA 研究。

3. 杂交条件及漂洗是保证阳性结果和背景反差对比好的关键，与实验 15 要求一致。洗膜不充分会导致背景太深,洗膜过度又可能导致假阴性。

4. 二氨基偶氮苯为有毒物质,操作过程请穿实验服并戴一次性手套。

【思考题】

1. 为什么实验中特异性竞争采用的是高浓度的非标记的同一 DNA 序列?

2. EMSA 实验原理,运用 EMSA 实验手段可以做哪些研究工作?

实验 18 染色质免疫共沉淀技术

【实验目的】

通过本实验学习染色质免疫共沉淀技术，了解其原理和操作方法。

【实验原理】

染色质免疫共沉淀技术(chromatin immunoprecipitation assay，ChIP)是基于体内分析发展起来的方法，它的基本原理是在活细胞状态下固定蛋白质-DNA复合物，并通过超声或酶处理将其随机切断为一定长度范围内的染色质小片段，然后通过抗原抗体的特异性识别反应沉淀此复合体，从而达到富集目的蛋白结合的DNA片段；通过对目的片断的纯化与检测，从而获得蛋白质与DNA相互作用的信息。它能真实、完整地反映结合在DNA序列上的调控蛋白，是目前确定与特定蛋白结合的基因组区域或确定与特定基因组区域结合的蛋白质的一种很好的方法。

由于ChIP采用甲醛固定活细胞或者组织的方法，所以能比较真实地反映细胞内调控因子与DNA的结合情况。当用甲醛处理时，相互结合的蛋白与核酸(DNA或RNA)之间会产生共价键，因此将复合物固定，然后加入蛋白质抗体形成大复合物；同时，利用protein A特异性地结合免疫球蛋白的Fc片段的现象，预先将protein A固化在Agarose上，再与大复合物混合物孵育形成"Agarose-protein A-抗体-蛋白质抗原-核酸"复合物；这种复合物在离心的作用下，就可精制目的蛋白结合的DNA片段。纯化富集的DNA片段可以通过PCR进行分析或扩增后用基因芯片进行分析，其流程见图18-1。

ChIP不仅可以检测体内反式因子与DNA的动态作用，还可以用来研究组蛋白的各种共价修饰与基因表达的关系。而且，ChIP与其他方法的结合，扩大了其应用范围：ChIP与基因芯片相结合建立的ChIP-on-chip方法已广泛用于特定反式因子靶基因的高通量筛选；ChIP与体内足迹法相结合，用于寻找反式因子的体内结合位点；RNA-ChIP用于研究RNA在基因表达调控中的作用等。

【仪器、材料与试剂】

1. 仪器：超声破碎仪，恒温摇床，磁力架，电泳仪，凝胶成像仪，水平电泳槽，微量取样器，冷冻离心机，超净工作台。

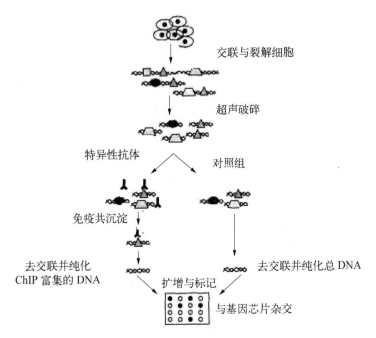

图 18-1　染色质免疫共沉淀技术流程

2. 材料：Agarose-protein A，相应的蛋白质抗体，甲醛，甘氨酸，苯甲基磺酰氟（PMSF，剧毒），蛋白酶 K，脱盐胆酸钠，亮抑酶肽，胃蛋白酶抑制剂，Triton-X 100，NP-40，DNA 回收试剂盒，十二烷基硫酸钠（SDS），RNaseA。其他生化试剂见附录。

【试剂】

1. 2.5 mol/L 甘氨酸（100 ml）：18.75 g 甘三酸溶解于双蒸水中，定容至 100 ml。

2. 0.01 mol/L 磷酸缓冲液（PBS，1 000 ml）：8 g NaCl，0.27 g KH_2PO_4，无水 Na_2HPO_4 1.14 g，0.2 g KCl，调至 pH 7.4。

3. 蛋白酶抑制剂混合液（10 ml）：50 mg/L PMSF，1 mg/L 亮抑酶肽，1 mg/L 胃蛋白酶抑制剂，溶于 10 ml 30% 乙醇中。

4. 细胞裂解缓冲液：10 mmol/L Tris-HCl （pH 8.0），10 mmol/L 氯化钠，0.2% NP-40，10 mmol/L EDTA （pH 8.0），0.2% SDS，室温保存。

5. ChIP 稀释缓冲液：0.01% SDS，1.1% Triton-X 100，1.2 mmol/L EDTA，16.7 mmol/L Tris-HCl （pH 8.1），167 mmol/L NaCl，室温保存。

6. 低盐洗涤缓冲液：0.1% SDS，1% Triton-X 100，2 mmol/L EDTA，20 mmol/L Tris-HCl （pH 8.1），150 mmol/L NaCl，室温保存。

7. 高盐洗涤缓冲液：0.1％ SDS，1％ Triton - X 100，2 mmol/L EDTA，20 mmol/L Tris-HCl (pH 8.1)，500 mmol/L NaCl，室温保存。

8. LiCl 洗涤缓冲液：0.25 mmol/L LiCl，1％ NP - 40，1％脱盐胆酸钠，1 mmol/L EDTA，10 mmol/L Tris-HCl (pH 8.1)，室温保存。

9. ChIP 洗脱缓冲液(10 ml)：1 ml 10％ SDS，1 ml 1 mol/L 碳酸氢钠，8 ml 双蒸水。新鲜配制。

10. 5 mol/L 氯化钠：29.25 g NaCl 溶于双蒸水中，定容 100 ml，高压灭菌，室温保存。

11. TE (pH 8.0)：10 mmol/L Tris-Cl(pH 8.0)，1 mmol/L Na_2EDTA，4℃ 保存。

12. 10 mg/ml 蛋白酶 K：称取 10 mg 蛋白酶 K 溶于 1 ml 灭菌的双蒸水中，-20℃备用。

13. 0.5 mol/L EDTA (100 ml)：在 80 ml 水中加入 18.61 g 二水乙二胺四乙酸二钠(EDTA - Na·$2H_2O$)，在磁力搅拌器上剧烈搅拌，用 NaOH 调节溶液至 pH 8.0(约需 2 g NaOH 颗粒)，然后定容至 100 ml，高压灭菌，4℃保存。

14. 10％ SDS：称取 SDS 10 g，加入 100 ml 蒸馏水中，微热溶解，室温保存。

15. 10 mg/ml RNaseA：用 10 mmol/L Tris-Cl(pH 7.5)，15 mmol/L NaCl 溶液配制，并在 100℃保温 15 min，然后在室温条件下缓慢冷却，-20℃保存。

16. 1 mol/L Tris-HCl (pH 6.5)：称取 12 g Tris，加入 50 ml 双蒸水，使之溶解，用 1 mol/L 的 HCl 调至 pH 6.5，再加双蒸水至总体积 100 ml，4℃保存。

【实验步骤】

1. 细胞的甲醛交联与超声破碎

(1) 培养细胞至 OD_{600} 约为 0.6，取 9 ml 加入 243 μl 37％甲醛，使甲醛的终浓度为 1％。

(2) 37℃孵育 10 min。

(3) 终止交联：加入 450 μl 2.5 mol/L 甘氨酸至终浓度为 0.125 mol/L，混匀后，在室温下放置 5 min。

(4) 4 000 r/min，4℃离心 5 min，弃去上清液，用冰冷的 PBS 缓冲液重悬细胞，离心洗涤 2 次。

(5) 按照细胞量，加入细胞裂解液 800 μl，使得细胞终浓度为每 100 μl 含 2×10^3 个细胞；再加入蛋白酶抑制剂混合液至终浓度为 0.1％。

(6) VCX750，25％功率，4.5 s 冲击，9 s 间隙，共 14 次超声破碎细胞。

2. 除杂及与抗体孵育

(1) 超声破碎后，10 000 r/min 4℃离心 10 min，去除不溶物质。

（2）取 300 μl 平均分为三管留做后续实验，其余保存于 - 70℃。

（3）在二管 100 μl 的超声破碎产物中，分别加入 900 μl ChIP 稀释缓冲液，再各加入 60 μl Agarose-protein A，4℃颠转混匀 1 h。

（4）1 h 后，在 4℃静置 10 min 沉淀，700 r/min 离心 1 min。

（5）取上清液；各管留取 20 μl 留做 Input 之后，一管中加入 1 μl 抗体作为实验组，另一管中则不加抗体作为对照组。4℃颠转反应过夜。

3. 检测超声破碎的效果：三组中一管 100 μl 超声波破碎物加入 4 μl 5 mol/L NaCl（NaCl 终浓度为 0.2 mol/L），65℃处理 3 h 解交联，琼脂糖电泳检测超声破碎的效果，DNA 琼脂糖凝胶电泳方法见实验 6。

4. 免疫复合物的沉淀及清洗

（1）孵育过夜后，实验组和对照组中分别加入 60 μl Agarose-protein A，4℃颠转反应 2 h。

（2）4℃静置 10 min 后，700 r/min 离心 1 min，弃去上清液。

（3）依次加入 800 μl 低盐洗涤缓冲液、高盐洗涤缓冲液、LiCl 洗涤液和 TE 缓冲液（洗 2 次）清洗沉淀复合物。清洗的步骤：分别加入上述溶液，在 4℃缓慢颠转 10 min，4℃静置 10 min，700 r/min 离心 1 min，弃去上清液。

（4）解交联：清洗后，二管分别加入 250 μl ChIP 洗脱缓冲液，室温下颠转混匀 15 min，静置离心后，收集上清液；重复洗涤 1 次，合并 2 次洗涤上清，终体积每管 500 μl。

（5）每管中加入 20 μl 5 mol/L NaCl（NaCl 终浓度为 0.2 mol/L），混匀，65℃解交联过夜。

5. DNA 样品的回收

（1）解交联后，每管加入 1 μl RNase A，37℃孵育 1 h。

（2）每管加入 10 μl 0.5 mol/L EDTA，20 μl 1 mol/L Tris. HCl（pH 6.5），2 μl 10 mg/ml 蛋白酶 K；45℃处理 2 h。

（3）采用 DNA 回收试剂盒回收 DNA 片段，回收方法见实验六；最终的样品溶于 100 μl 双蒸水中。

6. PCR 分析：根据预期获得的 DNA 序列，设计引物；再采用实验三的方法进行 PCR 分析或用基因芯片进行分析。

【注意事项】

1. 蛋白酶抑制剂要加入多种，防止蛋白质因子被蛋白酶消化。

2. 超声条件：与特定蛋白结合的 DNA 片段长 200 bp 左右，超声破碎 DNA 片段为 500 bp 就能满足 ChIP 实验要求。超声时样品体积不能超过 1 ml，400～500 μl 的样品最理想，探针深入样品中 1 cm 左右，因为样品中含有 SDS，探针离液面近易引起发泡,将样品冷却或放在冰上可减少发泡,当然,超声功率较小可大大减少样品发泡。

3. 抗体的质量是此实验能否成功的关键,可以通过 West Blotting 实验检测抗体的特异性,通过酶联免疫吸附法检测的抗体的效价。

4. 在进行免疫沉淀前,需要取一部分断裂后的染色质做 Input 对照。Input 是断裂后的基因组 DNA,需要与沉淀后的样品 DNA 一起经过逆转交联,DNA 纯化,以及最后的 PCR 或其他方法检测。Input 对照不仅可以验证染色质断裂的效果,还可以根据 Input 中的靶序列的含量以及染色质沉淀中的靶序列的含量,按照取样比例换算出 ChIP 的效率,所以 Input 对照是 ChIP 实验必不可少的步骤。

5. 甲醛及 PMSF 为有毒物质,应在通风橱中进行,操作过程请穿实验服并戴一次性手套。

【思考题】

1. 甲醛如何能起到固定作用? 加入的甘氨酸为什么能终止交联?

2. 超声破碎后,为什么要留一管检测破碎效果? 在实验的过程中,设置对照组的目的?

3. DNA –抗原–抗体– Agarose – protein A 形成大复合物,通过离心沉淀后,为什么要用不同的缓冲液洗涤? 可不可以直接改用 PBS – Tween(0.01 mol/L pH 7.4 PBS + 0.5% Tween)洗涤?

4. ChIP 实验原理,运用 ChIP 方法可以做哪些研究工作?

参 考 文 献

1. 朱旭芬.基因工程实验指导.北京：高等教育出版社,2006

2. 孙明.基因工程.北京：高等教育出版社,2006

3. 魏群.分子生物学实验指导(第 2 版).北京：高等教育出版社,2007

4. 萨姆布鲁克 J 等.分子克隆实验指南(第三版).北京：科学出版社,2008

5. 贡成良,曲春香.生物化学与分子生物学实验指导.苏州：苏州大学出版社,2010

6. 魏春红,李毅.现代分子生物学实验技术.北京：高等教育出版社,2006

7. 瞿礼嘉,顾红雅,胡苹等.现代生物技术.北京：高等教育出版社,2004

8. 卢圣栋,李尹雄,胡晓年等. 现代分子生物学实验技术.北京：高等教育出版社,1993

9. 吴乃虎.基因工程原理(第 2 版).北京：科学出版社,1999

10. 朱玉贤,李毅.现代分子生物学(第 2 版).北京：高等教育出版社,2002

11. Alberts B，Bray D，Lewis J，et al. Molecular Biology of the Cell. New York：Garlanf Publishing, Inc. ，1994

12. Ausubel F M，Brent R，Kingston R E，et al. Current Protocols in Molecular Biology. New York：John Wiley Sons，Inc. ，2004

13. Sambrook J，Fritsch E F，Maniatis T. 分子克隆(第 2 版).金冬雁,黎孟枫等译.北京：科学出版社,1998

14. ESTERN BLOTTING (WB)- A BEGINNER'S GUIDE. www. abcam. com/technical

15. Sambrook J，Russell D W. Molecular cloning：a laboratory manual. Third Edition. New York：Cold Spring Harbor Laboratory Press. 2001

16. Novagen. pET System Manual. 11th Edition. www. Invitrogen. com

17. Schägger H，von Jagow G. Tricine-sodium dodecyl sulfate-polyacrylamide gel electrophoresis for the separation of proteins in the range from 1 to 100 kDa. Analytical Biochemistry, 1987, 166(2)：368~379

18. Westermeir R. Sensitive，quantitative，and fast modifications for Coomassie blue staining of polyacrylamide gels. Proteomics, 2006, 6：61~64

19. Burnette, W. Neal. Western blotting：electrophoretic transfer of proteins from sodium dodecyl sulfate-polyacrylamide gels to unmodified nitrocellulose and radiographic detection with antibody and radioiodinated protein A. *Analytical Biochemistry* 1981，112 (2)：195~203

20. 朱华晨,许新萍,李宝健.一种简捷的 Southern 印迹杂交方法.中山大学学报：自然科学版,2004,4：128~130

21. Li ZC，An LH，Fu Q，et al. Construction and characterization of a normalized cDNA library from the river snail Bellamya aeruginosa after exposure to copper. Ecotoxicology. 2011 Sep 14

22. Wang HT，Ma FL，Ma XB，et al. Differential gene expression profiling in aggressive bladder transitional cell carcinoma compared to the adjacent microscopically normal urothelium by microdissection-SMART cDNA PCR-SSH. Cancer Biol Ther. 2006, 5(1)：104~110

23. Zhu YY，Machleder EM，Chenchik A，Li R，Siebert PD. Reverse transcriptase template switching：a SMART approach for full-length cDNA library construction. Biotechniques. 2001, 30(4)：892~7

24. 曾建斌,陈华,陈顺辉等.烟草优质品种花全长 cDNA 文库的构建和质量鉴定.分子植物育种,2011,9(40)：34~37

25. Lee S Y，Park J M，Lee J H，et al. Interaction of transcriptional repressor ArgR with transcriptional regulator FarR at the *arg*B promoter region in *Corynebacterium glutamicum*. Applied And

Environmental Microbiology，2011，77(3)：7～11

26. Puranik S，Kumar K，Srivastava PS，Prasad M. Electrophoretic Mobility Shift Assay reveals a novel recognition sequence for Setaria italica NAC protein. Plant Signal Behav. 2011，6(10)

27. Jiang D，Jia Y，Jarrett HW. Transcription factor proteomics：Identification by a novel gel mobility shift-three-dimensional electrophoresis method coupled with southwestern blot and high-performance liquid chromatography-electrospray-mass spectrometry analysis. J Chromatogr A. 2011，1218(39)：7003～7015

28. Park SH，Ban E，Song EJ，Lee H，Chung DS，Yoo YS. Capillary electrophoretic mobility shift assay for binding of DNA with NFAT3，a transcription factor from H9c2 cardiac myoblast cells. Electrophoresis. 2011 Jul 27. doi：10. 1002/elps. 201100091

29. 杨发达，李建明，周军. 人大肠癌细胞 PRL－3 基因启动子 Snail 结合位点的初步研究. 南方医科大学学报，2007，4：401～405

30. Li Y，Tollefsbol TO. Combined chromatin immunoprecipitation and bisulfite methylation sequencing analysis. Methods Mol Biol. 2011，791：239～251

31. De Medeiros RB. Sequential chromatin immunoprecipitation assay and analysis. Methods Mol Biol. 2011，791：225～237

32. Irvine RA，Okitsu C，Hsieh CL. Q-PCR in Combination with ChIP Assays to Detect Changes in Chromatin Acetylation. Methods Mol Biol. 2011，791：213～223

附录一　基因工程实验中的常用数据和换算关系

一、常用核酸和蛋白质换算数据

1. 重量换算

$1\ \mu g = 10^{-6}\ g$

$1\ ng = 10^{-9}\ g$

$1\ pg = 10^{-12}\ g$

$1\ fg = 10^{-15}\ g$

2. 分光光度值换算

$1\ OD_{260}$ 双链 DNA $= 50\ \mu g\ /ml$

$1\ OD_{260}$ 单链 DNA $= 40\ \mu g\ /ml$

$1\ OD_{260}$ 单链 RNA $= 40\ \mu g\ /ml$

$1\ OD_{260}$ 单链寡核糖核酸 $= 33\ \mu g\ /ml$

3. DNA 摩尔换算

$1\ \mu g\ 1\ 000\ bp\ DNA = 1.52\ pmol = 3.03\ pmol$ 末端

$1\ \mu g\ pBR322(4\ 361\ bp) = 0.36\ pmol$

$1\ pmol\ 1\ 000\ bp\ DNA = 0.66\ \mu g$

$1\ pmol\ pUC18/19\ DNA(2\ 686\ bp) = 1.77\ \mu g$

$1\ pmol\ pBR322\ DNA(4\ 361\ bp) = 2.88\ \mu g$

$1\ pmol\ M13mp18/19\ DNA(7\ 249\ bp) = 4.78\ \mu g$

4. 核酸碱基对与分子量的换算

$1\ kb$ 的双链 DNA(钠盐) $= 6.6 \times 10^{5}\ Da$

$1\ kb$ 的单链 DNA(钠盐) $= 3.3 \times 10^{5}\ Da$

$1\ kb$ 单链 RNA(钠盐) $= 3.4 \times 10^{5}\ Da$

脱氧核苷酸的平均分子量 $= 324.5\ Da$

5. 核酸碱基分子量

ATP	5 077.2
CTP	483.2
GTP	523.3
UTP	484.2
dATP	491.2

dCTP	467.2
dGTP	507.2
dTTP	482.2

6. 常见核酸分子量

附表 1-1　常见的核酸分子量

核　　酸	核苷酸数	分子量/Da
λ噬菌体 DNA(环状双链)	48 502	3.2×10^7
28S rRNA	4 800	1.6×10^6
23S rRNA	3 700	1.2×10^6
18S rRNA	1 900	6.5×10^6
16S rRNA	1 700	5.8×10^5
5S rRNA	120	4.1×10^4
tRNA(大肠)	75	2.5×10^4

7. 蛋白质重量的换算

100 pmoles 分子量为 100 000 Da 蛋白质=10 μg

100 pmoles 分子量为 50 000 Da 蛋白质=5 μg

100 pmoles 分子量为 10 000 Da 蛋白质=1 μg

8. 蛋白质与核酸的换算

1 kb DNA=333 个氨基酸的编码能力

333 个氨基酸=3.7×10^4 Da

10 000 Da 蛋白质=270 bp DNA

30 000 Da 蛋白质=810 bp DNA

50 000 Da 蛋白质=1.35 kb DNA

100 000 Da 蛋白质=2.7 kb DNA

二、氨基酸与对应的密码子

附表 1-2　氨基酸与对应的密码子表

		第二位碱基			
		U	C	A	G
第一位碱基	U	UUU (Phe/F)苯丙氨酸 UUC (Phe/F)苯丙氨酸 UUA (Leu/L)亮氨酸 UUG (Leu/L)亮氨酸	UCU (Ser/S)丝氨酸 UCC (Ser/S)丝氨酸 UCA (Ser/S)丝氨酸 UCG (Ser/S)丝氨酸	UAU (Tyr/Y)酪氨酸 UAC (Tyr/Y)酪氨酸 UAA 终止 UAG 终止	UGU (Cys/C)半胱氨酸 UGC (Cys/C)半胱氨酸 UGA 终止 UGG (Trp/W)色氨酸
	C	CUU (Leu/L)亮氨酸 CUC (Leu/L)亮氨酸 CUA (Leu/L)亮氨酸 CUG (Leu/L)亮氨酸	CCU (Pro/P)脯氨酸 CCC (Pro/P)脯氨酸 CCA (Pro/P)脯氨酸 CCG (Pro/P)脯氨酸	CAU (His/H)组氨酸 CAC (His/H)组氨酸 CAA (Gln/Q)谷氨酰胺 CAG (Gln/Q)谷氨酰胺	CGU (Arg/R)精氨酸 CGC (Arg/R)精氨酸 CGA (Arg/R)精氨酸 CGG (Arg/R)精氨酸

（续 表）

		第二位碱基			
		U	C	A	G
第一位碱基	A	AUU (Ile/I)异亮氨酸 AUC (Ile/I)异亮氨酸 AUA (Ile/I)异亮氨酸 AUG（Met/M）甲硫氨酸，起始*	ACU (Thr/T)苏氨酸 ACC (Thr/T)苏氨酸 ACA (Thr/T)苏氨酸 ACG (Thr/T)苏氨酸	AAU (Asn/N)天冬酰胺 AAC (Asn/N)天冬酰胺 AAA (Lys/K)赖氨酸 AAG (Lys/K)赖氨酸	AGU (Ser/S)丝氨酸 AGC (Ser/S)丝氨酸 AGA (Arg/R)精氨酸 AGG (Arg/R)精氨酸
	G	GUU (Val/V)缬氨酸 GUC (Val/V)缬氨酸 GUA (Val/V)缬氨酸 GUG (Val/V)缬氨酸	GCU (Ala/A)丙氨酸 GCC (Ala/A)丙氨酸 GCA (Ala/A)丙氨酸 GCG (Ala/A)丙氨酸	GAU (Asp/D)天冬氨酸 GAC (Asp/D)天冬氨酸 GAA (Glu/E)谷氨酸 GAG (Glu/E)谷氨酸	GGU (Gly/G)甘氨酸 GGC (Gly/G)甘氨酸 GGA (Gly/G)甘氨酸 GGG (Gly/G)甘氨酸

* 标准起始密码子，编码甲硫氨酸。mRNA 中第一个 AUG 就是蛋白质翻译的起始部位。

附录二 基因工程实验常用试剂、溶液和缓冲液

一、常见市售酸碱的浓度

附表 2-1 常见市售酸碱的浓度

溶 质	分子式	相对分子量	mol/L	g/L	重量百分比	比重	配制 1 mol/L 溶液的加入量/(ml/L)
冰乙酸	CH_3COOH	60.05	17.40	1 045	99.5	1.05	57.5
乙 酸	CH_3COOH	60.05	6.27	376	36.0	1.05	159.5
甲 酸	$HCOOH$	46.02	23.40	1 080	90.0	1.20	42.7
盐 酸	HCl	36.50	11.60	424	36.0	1.18	86.2
硝 酸	HNO_3	63.02	15.99	1 008	71.0	1.42	62.5
			13.30	837	61.0	1.37	75.2
硫 酸	HSO_4	98.10	18.00	1 776	96.0	1.84	55.6
氢氧化铵	NH_4OH	35.00	14.80	251	28.0	0.898	67.6
氢氧化钾	KOH	56.10	13.50	757	50.0	1.52	74.1
氢氧化钠	$NaOH$	40.00	19.10	763	50.0	1.53	52.4

二、常用缓冲液的配制

1. PBS 缓冲液

常用 0.01 mol/L PBS,其中所说的浓度 0.01 mol/L 指的是缓冲溶液中所有的磷酸根浓度,而非 Na 离子或 K 离子的浓度,Na 离子和 K 离子只是用来调节渗透压的。

0.01 mol/L PBS 缓冲液(pH 7.4)配方:称 7.9 g NaCl,0.2 g KCl,1.44 g Na_2HPO_4(或 0.24 g KH_2PO_4)和 1.8 g K_2HPO_4,溶于 800 ml 蒸馏水中,用 HCl 调节溶液的 pH 至 7.4,最后加蒸馏水定容至 1 L,保存于 4℃冰箱中。

母液的配制:

0.2 mol/L Na_2HPO_4:称取 71.6 g Na_2HPO_4-12H_2O,溶于 1 000 ml 水;

0.2 mol/L NaH_2PO_4:称取 31.2 g NaH_2PO_4-2 H_2O,溶于 1 000 ml 水。

各种浓度 PB(pH 7.4)的配制:

先配 0.2 mol/L PB (pH 7.4,100 ml):取 19 ml 0.2 mol/L 的 NaH_2PO_4,81 ml 0.2 mol/L 的 Na_2HPO_4,即可。然后,只需将 0.2 mol/L PB (pH 7.4)按相应比例适当稀释即可,如:

0.1 mol/L PB(pH 7.4):取 500 ml 0.2 mol/L PB,加水稀释至 1 000 ml 即可;0.01 mol/L PB (pH 7.4):取 50 ml 0.2 mol/L PB,加水稀释至 1 000 ml 即

可;0.02 mol/L PB (pH 7.4):取 100 ml 0.2 mol/L PB,加水稀释至 1 000 ml 即可。若需要 NaCl,则加入 NaCl 至 0.9%(g/100 ml)即可。

附表 2 - 2　各种 pH 的 0.2 mol/L PB(100 ml)配方

pH	0.2 mol/L NaH_2PO_4(ml)	0.2 mol/L Na_2HPO_4(ml)
5.7	93.5	6.5
5.8	9	8
5.9	90	10
6.0	87	12.3
6.1	85	15
6.2	81.5	18.5
6.3	77.5	22.5
6.4	73.5	26.5
6.5	68.5	31.5
6.6	62.5	37.5
6.7	56.5	43.5
6.8	51	49
6.9	45	55
7.0	38	62
7.1	33	67
7.2	28	72
7.3	23	77
7.4	19	81
7.5	16	84
7.6	13	87
7.7	10.5	90.5
7.8	8.5	91.5
7.9	7	93
8.0	5.3	94.7

2. 各种 pH 值 0.05 mol/L Tris 缓冲液的配制

将 50 ml 0.1 mol/L Tris 碱溶液与下表所示相应体积(单位:ml)的 0.1 mol/L HCl 混合,加水将体积调至 100 ml。

附表 2 - 3　各种 pH 0.05 mol/L Tris 缓冲液的配制

所需 pH (25℃)	0.1 mol/L HCl 体积
7.10	45.7
7.20	44.7
7.30	43.4
7.40	42.0
7.50	40.3
7.60	38.5
7.70	36.6
7.80	34.5
7.90	32.0

（续　表）

所需 pH（25℃）	0.1 mol/L HCl 体积
8.0	29.2
8.1	26.2
8.2	22.9
8.3	19.9
8.4	17.2
8.5	14.7
8.6	12.4
8.7	10.3
8.8	8.5
8.9	7.0

附表 2-4　常见电泳缓冲液

缓　冲　液	使　用　液	储存液（1 000 ml）
Tris-乙酸（TAE）	1×：0.4 mol/L Tris-乙酸 0.001 mol/L EDTA	10×：48.5 g Tris 11.4 ml 乙酸 100 ml 0.5 mol/L EDTA（pH 8.0）
Tris-硼酸（TBE）*	1×：0.045 mol/L Tris-硼酸 0.001 mol/L EDTA	10×：54 g Tris 27.5 g 硼酸 20 ml 0.5 mol/L EDTA（pH 8.0）
Tris-甘氨酸**	1×：0.025 mol/L Tris 0.25 mol/L 甘氨酸 1.0%（W/V）SDS	5×：15.1 g Tris 94 g 甘氨酸（电泳级，pH 8.0） 50 ml 10%（W/V）SDS（电泳级）

*TBE 储存液长时间放置会出现沉淀，为避免这问题，可在室温下用玻璃瓶保存 5×溶液。如出现沉淀则废弃。

**Tris-甘氨酸缓冲液用于 SDS-聚丙烯凝胶电泳。

三、抗生素的贮存溶液及其工作浓度

附表 2-5　抗生素的贮存溶液及其工作浓度

抗生素	储　存　液		工　作　浓　度	
	浓　度	保存条件	严谨型质粒	松弛型质粒
氨苄青霉素	50 mg/ml（溶于水）	−20℃	20 μg/ml	60 μg/ml
羧苄青霉素	50 mg/ml（溶于水）	−20℃	20 μg/ml	60 μg/ml
氯霉素	34 mg/ml（溶于乙醇）	−20℃	25 μg/ml	170 μg/ml
卡那霉素	10 mg/ml（溶于水）	−20℃	10 μg/ml	50 μg/ml
链霉素	10 mg/ml（溶于水）	−20℃	10 μg/ml	50 μg/ml
四环素	5 mg/ml（溶于乙醇）	−20℃	10 μg/ml	50 μg/ml

注：1. 以水为溶剂的抗生素贮存液应通过 0.22 μm 滤器过滤除菌。以乙醇为溶剂的抗生素溶液无须除菌处理。所有抗生素溶液均应保存于不透光的容器中。

2. 镁离子是四环素的拮抗剂，四环素抗性菌的筛选应使用不含镁盐的培养基（如 LB 培养基）。

附录三 PCR 实验引物设计原则

1. 引物最好在模板 DNA 的保守区内设计

DNA 序列的保守区是通过物种间相似序列的比较确定的。在 NCBI 上搜索不同物种的同一基因,通过序列分析软件(比如 DNAman)比对(Alignment),各基因相同的序列就是该基因的保守区。

2. 引物长度一般在 17～30 碱基之间

根据统计学计算,长约 17 个碱基的寡核苷酸序列在人的基因组 DNA(3×10^9 bp)中可能出现的概率为 1 次,因此只要引物不少于 17 个核苷酸,即能保证 PCR 扩增的序列特异性。引物长度一般是 18～27 bp,引物需要足够长,保证序列独特性,并降低序列存在非目的序列位点的可能性。但不应大于 38 bp,因为过长会导致其延伸温度大于 74℃,不适于 Taq DNA 聚合酶进行反应。

3. 引物 GC 含量在 40%～60% 间,Tm 值最好近 72℃

GC 含量过高或过低都不利于引发反应,上下游引物的 GC 含量不能相差太大。另外,上下游引物的 Tm 值(melting temperature)是寡核苷酸的解链温度,即在一定盐浓度条件下,50% 寡核苷酸双链解链的温度。有效启动温度,一般低于 Tm 值 5℃。若按公式 Tm＝4(G＋C)＋2(A＋T)估计引物的 Tm 值,则有效引物的 Tm 为 55～80℃,其 Tm 值最好接近 72℃,以使复性条件最佳。

4. 引物 3′端的保守性很重要

引物 3′端的保守性很重要,应避开密码子的第 3 位。如扩增编码区域,引物 3′端不要终止于密码子的第 3 位,因密码子的第 3 位易发生简并,会影响扩增的特异性与效率。此外,引物 3′端错配时,不同碱基引发效率存在着很大的差异,当末位的碱基为 A 时,即使在错配的情况下,也能有引发链的合成,而当末位链为 T 时,错配的引发效率大大降低,G、C 错配的引发效率介于 A、T 之间,所以 3′端最好不要选择 A。

5. 碱基要随机分布

模板内部应当没有与引物序列相似性较高,尤其是 3′端相似性较高的序列,否则容易导致错误引发。降低引物与模板相似性的一种方法是,引物中四种碱基的分布最好是随机的,不要有聚嘌呤或聚嘧啶的存在。尤其 3′端不应超过 3 个连续的 G 或 C,因为这样会使引物在 GC 富集序列区错误引发。

6. 引物自身及引物之间不应存在互补序列

引物自身不应存在互补序列,否则引物自身会折叠成发夹结构,使引物本身复性。这种二级结构会因空间位阻而影响引物与模板的复性结合。

两引物之间也不应具有互补性,尤其应避免 3′端的互补重叠,引物之间不能有连续 4 个碱基的互补,以防止引物二聚体(Dimer 与 Cross dimer)的形成。

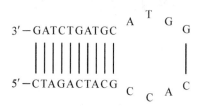

7. 引物的 5′端可以修饰,3′端不可修饰

引物的延伸是从 3′端开始的,不能进行任何修饰。3′端也不能有形成任何二级结构可能。引物的 5′端决定着 PCR 产物的长度,它对扩增特异性影响不大。因此,可以被修饰而不影响扩增的特异性。引物 5′端修饰包括:加酶切位点;标记生物素、荧光、地高辛等;引入蛋白质结合 DNA 序列;引入点突变、插入突变、缺失突变序列;引入启动子序列等。

根据实验需要可以在引物的 5′端引入适当限制酶的切割位点,以便 PCR 产物克隆进入载体分子中。大多数限制性内切酶对裸露的酶切位点不能切割,必须在酶切位点旁边加上一个至几个保护碱基,才能使所选的限制酶对其进行有效切割,因此一般在 PCR 引物 5′端引入限制酶切割位点时,在该位点的 5′端前面还要添加 2~4 个限制酶的保护碱基。详细情况与资料可在 NEB 公司网页 http://www.neb-china.com/上查阅。

如某一几丁质酶基因的两端序列为:5′- CA GTT ATG CGC AAA TTT AAT AAA······AGC GCC GGC GTT CAA TAA TCG - 3′

上游引物:

5′- GCGGATCCCAGTTATGCGCAAATT - 3′ GC%=50%(*Bam*H I)

下游引物:

5′- GCGAAGCTTGATTATTGAACGCCGG - 3′ GC%=50.5% (*Hind* Ⅲ)

8. 此外设计的引物还有简并引物和嵌套引物

简并引物(degenerated primer)是获得 DNA 序列未完全清楚的靶序列的一种引物设计方案,特点是所设计的引物序列某位置的核苷酸可以是两个或两个以上不同的碱基,结果所合成的引物是该位置上不同序列的混合物。如果 PCR 扩增引物的核苷酸组成顺序是根据氨基酸顺序推测而来,就需要合成简并引物。如:

G K P T I A
5′- GGNAARLLNACNATMCCN - 3′

但通常一条引物中简并的碱基不要超过4处,如果简并的碱基数过多,则会造成反应体系中有效引物相对减少,此时应适当增加引物的使用量,但引物量过大,容易引起非特异性扩增。

嵌套引物或称巢式引物(nested primer)是为了尽可能减少非靶序列的扩增而设计的。其具体的操作程序是,使用一对特异引物 FP1 和 RP1 进行第一轮 PCR扩增,然后利用第一轮 PCR 扩增产物作为第二轮 PCR 扩增的起始材料(DNA),利用两个同模板 DNA 结合位点处在前两个引物之间的新引物 FP2 和 RP2 进行第二轮扩增。这样获得的产物中含有错误扩增产物的可能性是极低的,所以应用套引物技术能够使靶 DNA 序列得到有效的选择性扩增,减少非特异的扩增的发生。

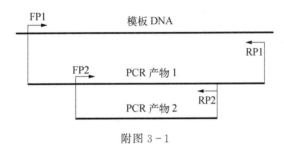

附图 3 - 1